盘式制动器结构性能分析

朱永梅　张　建　著

科学出版社

北　京

内 容 简 介

本书以 24.5 吋车用盘式制动器为研究对象,系统阐述制动系参数选择及制动器的设计计算,开发了制动器参数化设计系统;开展 24.5 吋盘式制动器结构强度试验研究,完成关键零部件强度的有限元分析和结构优化;开展 24.5 吋盘式制动器的热机耦合试验研究,完成紧急制动工况和连续制动工况下制动器温度场、应力场分析;开展制动器摩擦材料分析及试验研究,揭示盘式制动器摩擦磨损机理;介绍制动器性能检测技术,研制制动器总成疲劳试验台。

本书既可供从事盘式制动器设计、制造与使用的工程技术人员参考,也可供相关专业的研究人员及在校师生参考。

图书在版编目(CIP)数据

盘式制动器结构性能分析/朱永梅,张建著. —北京:科学出版社,2016.11

ISBN 978-7-03-050828-7

Ⅰ. ①盘… Ⅱ. ①朱… ②张… Ⅲ. ①盘式制动器-结构性能-性能分析 Ⅳ. ①TH134

中国版本图书馆 CIP 数据核字(2016)第 289198 号

责任编辑:邓 静 / 责任校对:桂伟利
责任印制:徐晓晨 / 封面设计:迷底书装

科学出版社 出版
北京东黄城根北街 16 号
邮政编码:100717
http://www.sciencep.com
北京凌奇印刷有限责任公司 印刷
科学出版社发行 各地新华书店经销
*
2016 年 11 月第 一 版 开本:720×1000 B5
2016 年 11 月第一次印刷 印张:11 1/4
字数:213 000
POD定价: 98.00元
(如有印装质量问题,我社负责调换)

前　　言

盘式制动器在汽车制动系统中扮演着重要角色，因其制动过程的复杂性，一旦发生安全事故，往往导致财产及人员的重大损失。因此，盘式制动器的结构性能分析一直是业内科研与工程人员关注的重点。

本书是作者根据多年对盘式制动器的结构和性能研究的成果撰写而成的。针对盘式制动器在结构设计、强度校核、热力学、摩擦磨损及性能检测方面，参考制动器相关标准与规范，以数值计算、理论分析和试验研究为主要手段，分析高压大型盘式制动器的结构性能。全书共 6 章，分别为汽车制动器概述、制动系参数选择及制动器的设计计算、盘式制动器关键零部件性能分析、盘式制动器热机耦合研究、盘式制动器摩擦磨损机理、制动器性能测试方法和装置。本书在反映盘式制动器研究前沿的同时，又体现出研究成果的实用性，对盘式制动器的设计开发、应用和检测具有很好的指导意义。既可供从事盘式制动器设计、制造与使用的工程技术人员参考，也可供相关专业的研究人员及在校师生参考。

本书由朱永梅教授和张建博士对全书架构与各章内容进行顶层设计、详细规划，并带领研究团队进行书稿撰写。参与本书撰写的成员有朱永梅（第 1 章），朱永梅、张奔（第 2 章），张建、姚凯（第 3 章），张建、谭雪龙（第 4、5 章），朱永梅、刘亚威（第 6 章）。此外，研究生杜嘉俊也参与了部分编写工作。本书的部分研究工作得到了江苏省前瞻性联合研究项目（BY2015065-04）、江苏省高校自然科学研究面上项目（15KJB460008）、江苏省道路载运工具新技术应用重点实验室（BM20082061505）及江苏恒力制动器制造有限公司的资助，特别感谢江苏恒力制动器制造有限公司董事长徐旗钊的鼎立支持，在此一并表示衷心的感谢。同时，本书的出版得到了科学出版社的大力支持和帮助，作者也在此表示真诚的感谢。

限于时间和水平，本书内容难免存在欠妥之处，诚挚欢迎广大读者批评指正！

作　者

2016 年 6 月

目　　录

前言

第1章　概述 ……………………………………………………………………… 1

　　1.1　盘式制动器发展历程 ……………………………………………………… 1

　　1.2　盘式制动器结构原理 ……………………………………………………… 3

　　　　1.2.1　钳盘式制动器结构 …………………………………………………… 3

　　　　1.2.2　液压和气压盘式制动器结构 ………………………………………… 4

　　　　1.2.3　盘式制动器优缺点 …………………………………………………… 6

　　1.3　制动摩擦材料的发展和特性 ……………………………………………… 7

　　　　1.3.1　制动摩擦材料的发展 ………………………………………………… 7

　　　　1.3.2　摩擦材料的技术要求及组成 ………………………………………… 7

　　　　1.3.3　摩擦材料的分类 ……………………………………………………… 8

　　1.4　盘式制动器热应力问题研究现状 ………………………………………… 9

　　　　1.4.1　热机耦合数值计算 …………………………………………………… 9

　　　　1.4.2　温度场 ………………………………………………………………… 10

　　　　1.4.3　摩擦副间的传热分析 ………………………………………………… 10

　　1.5　盘式制动器摩擦学问题研究现状 ………………………………………… 11

　　　　1.5.1　制动摩擦学行为和机理 ……………………………………………… 11

　　　　1.5.2　磨损模型分析 ………………………………………………………… 14

　　　　1.5.3　热摩擦磨损数值计算 ………………………………………………… 14

　　1.6　盘式制动器制动性能检测技术研究现状 ………………………………… 15

　　　　1.6.1　制动器制动性能 ……………………………………………………… 15

　　　　1.6.2　制动器制动性能检测 ………………………………………………… 15

　　参考文献 ………………………………………………………………………… 18

第2章　制动系参数选择及制动器的设计计算 ………………………………… 23

　　2.1　制动系主要参数及其选择 ………………………………………………… 23

　　　　2.1.1　制动力与制动力分配系数 …………………………………………… 24

　　　　2.1.2　同步附着系数及最大制动力矩 ……………………………………… 26

　　　　2.1.3　盘式制动器主要参数的确定 ………………………………………… 29

2.2 制动器的设计计算 ··· 31

　　2.2.1 盘式制动器总制动力矩计算 ··· 31

　　2.2.2 制动器效能因数及磨损特性计算 ··································· 32

　　2.2.3 热容量和温升计算 ·· 34

　　2.2.4 制动性能的校核 ··· 35

2.3 制动器主要零部件的结构设计及强度计算 ··························· 36

　　2.3.1 杠杆的计算 ··· 36

　　2.3.2 支架的计算 ··· 37

　　2.3.3 支架连接螺栓的计算 ··· 38

　　2.3.4 导销的计算 ··· 39

2.4 制动驱动机构结构形式的选择与设计计算 ··························· 40

　　2.4.1 制动气室设计 ·· 40

　　2.4.2 储气筒 ·· 41

　　2.4.3 空气压缩机的选择 ·· 41

2.5 制动器参数化设计系统开发 ·· 42

　　2.5.1 系统总体设计框架 ·· 42

　　2.5.2 全局参数变量选择 ·· 43

　　2.5.3 人机交互界面设计 ·· 46

参考文献 ·· 49

第3章　盘式制动器关键零部件性能分析 ································· 50

3.1 结构强度试验研究 ·· 50

　　3.1.1 支架疲劳台架试验 ·· 50

　　3.1.2 应力测量试验 ·· 51

3.2 盘式制动器总成分析 ·· 53

　　3.2.1 钳体受力分析 ·· 53

　　3.2.2 支架受力分析 ·· 54

3.3 盘式制动器关键零部件的有限元分析 ··································· 54

　　3.3.1 钳体静力学分析 ··· 54

　　3.3.2 支架静力学分析 ··· 56

3.4 盘式制动器支架的疲劳分析及结构优化 ································ 64

　　3.4.1 盘式制动器支架疲劳分析 ··· 64

　　3.4.2 支架结构优化 ·· 66

3.5 盘式制动器支架磨损特性 ··· 69

　　3.5.1 支架磨损数值建模 ·· 70

　　　3.5.2　支架磨损数值计算结果分析 ···72

　参考文献 ···81

第4章　盘式制动器热机耦合研究 ···83

　4.1　热机耦合试验研究 ···83

　　　4.1.1　温度测量方法 ···83

　　　4.1.2　试验设备与内容 ···84

　　　4.1.3　试验结果与分析 ···84

　4.2　热机耦合理论模型建立 ···86

　　　4.2.1　盘式制动器三维模型建立 ··86

　　　4.2.2　盘式制动器有限元模型建立 ··86

　　　4.2.3　边界条件确定 ···88

　4.3　对流换热系数计算方法研究 ··90

　　　4.3.1　基于解析法的对流换热系数 ··90

　　　4.3.2　基于 ANSYS CFD 的对流换热系数 ··91

　　　4.3.3　求解结果对比分析 ···95

　4.4　紧急制动工况下热机耦合数值计算结果分析与试验验证 ·······················96

　　　4.4.1　温度场分布特性研究 ···96

　　　4.4.2　应力场分布特性研究 ··100

　　　4.4.3　接触压力分布特性研究 ··102

　4.5　连续制动工况下热机耦合数值计算结果分析与试验验证 ·····················102

　　　4.5.1　温度场分布特性研究 ··102

　　　4.5.2　应力场分布特性研究 ··105

　　　4.5.3　接触压力分布特性研究 ··106

　参考文献 ···107

第5章　盘式制动器摩擦磨损机理 ···109

　5.1　盘式制动器摩擦材料分析及试验研究 ···109

　　　5.1.1　摩擦材料组成 ···109

　　　5.1.2　销盘式小样摩擦磨损试验 ··110

　　　5.1.3　惯性台架试验 ···113

　5.2　树脂基复合摩擦材料摩擦磨损规律分析 ···114

　　　5.2.1　摩擦磨损数学模型建立 ··114

　　　5.2.2　摩擦磨损仿真分析 ···118

　　　5.2.3　压力分布对摩擦材料表面接触压力的影响 ·····································121

　　　5.2.4　压力分布对摩擦材料摩擦磨损特性的影响 ·····································125

5.3　盘式制动器热摩擦磨损研究 ···128

　　5.3.1　热摩擦磨损数值模拟方法的实现 ·····························128

　　5.3.2　热摩擦磨损数学模型建立 ·····································130

　　5.3.3　紧急制动工况下热摩擦磨损仿真分析 ·······················130

　　5.3.4　温度对磨损深度、接触面积及接触压力的影响 ···············134

5.4　盘式制动器热磨损失效机理 ···137

　　5.4.1　摩擦片主要磨损形式 ···137

　　5.4.2　温度对摩擦片磨损类型的影响 ·································141

参考文献 ···142

第6章　制动器性能测试方法和装置 ··144

6.1　制动器试验标准简介 ···144

6.2　制动器性能测试试验及方法 ···145

　　6.2.1　制动器效能试验 ···145

　　6.2.2　制动器热衰退恢复试验 ·······································146

　　6.2.3　制动衬片/衬块磨损试验 ·······································147

　　6.2.4　制动器疲劳强度台架试验 ·····································148

6.3　制动器总成疲劳试验台架研制 ···149

　　6.3.1　制动器总成疲劳试验台架设计要求 ···························149

　　6.3.2　总体方案 ···151

　　6.3.3　机械传动系统 ···153

　　6.3.4　工装夹具设计 ···153

　　6.3.5　测控系统 ···154

　　6.3.6　支撑系统 ···156

6.4　工装夹具参数的正交优化 ···158

　　6.4.1　正交试验简介 ···158

　　6.4.2　工装夹具正交试验设计 ·······································159

　　6.4.3　工装夹具参数优化 ···162

　　6.4.4　总结 ···168

参考文献 ···168

第1章 概　　述

1.1　盘式制动器发展历程

汽车制动系统是汽车底盘四大系统(传动系统、行驶系统、转向系统、制动系统)之一[1]。它的功能包括：使行驶中的汽车减速甚至停车；使下坡行驶的汽车速度保持稳定；使已停驶的汽车保持不动等。汽车制动系统由制动器和驱动机构组成。制动器俗称刹车，它依靠制动摩擦副之间的摩擦作用实现制动，是制动系统中起执行功能的零部件。制动器工作时，一般是通过其中的固定元件对旋转元件施加制动力矩，使后者的旋转速度降低，同时依靠车轮与路面的附着作用，产生路面对车轮的制动力，以使汽车减速，其实质就是一个能量转换的过程，它通过制动器摩擦副之间的机械摩擦作用，将车辆行驶时产生的动能转换成热能消耗掉，从而起到减速和制动的作用。

凡是利用固定元件与旋转元件工作表面的摩擦作用产生制动力矩的制动器，都称为摩擦制动器。摩擦制动器可分为盘式制动器和鼓式制动器两种。鼓式制动器也叫块式制动器，是靠制动块在制动轮上压紧来实现刹车的。鼓式制动是早期设计的制动系统，其刹车鼓的设计 1902 年已经使用在马车上了，直到 1920 年才开始在汽车工业广泛应用[2]。鼓式制动器的主流是内张式，它的制动块(刹车蹄)位于制动轮内侧，在刹车时制动块向外张开，摩擦制动轮的内侧，达到刹车的目的。近 30 年中，鼓式制动器在轿车领域上已经逐步退出让位给盘式制动器。但由于成本比较低，仍然在一些经济类轿车中使用，主要用于制动负荷比较小的后轮和驻车制动。

盘式制动器也称为钳盘式制动器，又称碟式制动器。20 世纪 20 年代，汽车设计师们已经设计并制造出早期盘式制动器，随着研究的不断深入，以及结构设计的不断改进，制造装配工艺的提升，其各项性能指标已经逐渐可以满足使用要求。30 年代后期，设计师最初将盘式制动器应用到军事工业上，早期用于装备飞机和坦克以及物资运输的核心工具列车上。逐渐的，盘式制动器卓越的性能为广大的汽车设计师所青睐，汽车设计师开始尝试将盘式制动器应用到汽车制动，盘式制动器逐渐应用到民用工业领域。

早在 20 世纪 60 年代，欧、美、日等汽车工业强国的已经在大力推广应用汽车盘式制动器，应用领域涉及轿车、轻型车及中型车，现今，盘式制动器在这些国家的应用已经非常普遍，欧美的轿车已经出台强制性措施，全部使用盘式制动器，而且目前国际通用的标准性文件也是由这些国家制定。而早在"千禧年"欧美就将盘式制动器指定为城市公交的标准配置[3]。目前世界上主流的制动器制造企业有克诺尔、韦伯科、博世、美驰、汉德等。80 年代初，韦伯科公司开始研制了第一代气压盘式制动器并随后逐步进入了实用阶段。80 年代中后期，美驰公司研制并开始小批量生产气压盘式制动器。经过几十年来的发展，生产气压盘式制动器的技术已经比较成熟，形成了系列产品，根据适用的轮毂尺寸要求，产品包括 16 吋、17.5 吋、19.5 吋到 22.5 吋多种规格，可满足不同车型的制动需求。

盘式制动器在我国车辆系统上的应用相对较晚，我国从 1997 年开始在大客车和载重车上推广盘式制动器及 ABS 防抱死系统，2004 年 7 月 1 日交通部强制在 7～12m 高Ⅱ型客车上"必须"配备后，国产盘式制动器得以发展。目前，宇通公司、厦门金龙客车、丹东黄海客车、安凯等国内知名的大型厂家均已在批量生产带盘式制动器的高档客车。2004 年 3 月红岩公司率先在国内重卡行业中完成了对气压盘式制动器总成的开发。2005 年元丰中国重汽卡车事业部在提升和改进卡车底盘的过程中，将 22.5 吋气压盘式制动器成功应用到重汽斯太尔重型卡车前桥上。气压盘式制动器在重汽斯太尔卡车前桥上的成功应用，解决了令整车厂及用户困扰已久的传统鼓式制动器制动啸叫、频繁制动时制动蹄片易磨损、雨天制动效能降低等一系列问题。与此同时陕西重汽、北汽福田、一汽解放、东风公司、江淮汽车等国内大型汽车厂均完成了盘式制动器在重型汽车方面的前期试验及技术储备工作，气压盘式制动器在某些方面将成为未来重卡制动系统匹配发展的新趋势。

中国人口众多、客流量巨大，决定了客运车辆数量和密度非常高，但是相当一部分司机职业素养与驾驶技能较差，违章违法现象频繁发生，这种比较混乱的通行秩序增加了车辆对紧急制动系统的依赖和使用频率。另外，我国平原、高原、山地、丘陵、盆地分别占国土面积的 14%、25%、33%、10%、18%，其地形地貌的险恶程度远超欧美，客车在这种地形地貌上修建的公路体系中行驶，对制动系统的要求远高于欧美国家。目前中国盘式制动器使用情况与欧美对比如表 1.1 所示。由表可以看出国内客车行业最高规格的气压盘式制动器仅为 22.5 吋，在同比气室压力下最大制动力矩约比美国的 24.5 吋制动器低 11%；且国内气室压力标准为 0.8MPa，比国外的 1.2MPa 低 50%。

表 1.1　中国盘式制动器使用情况与欧美对比

	中国	欧洲	美国
制动器的规格/吋（以盘式为例）	16，17.5，19.5，20，22.5	16，17.5，19.5，22.5	16，17.5，19.5，22.5，24.5
气制动的气压标准/MPa	0.8	1.2	1.2

欧洲和美国有着雄厚的汽车零部件工业基础，在制动摩擦材料领域，欧洲的飞乐多（FERODO）、优力（JURID）、奔士德（Bendix）、泰克斯塔（Textar）、博世、卢卡

斯等品牌的摩擦片享誉世界。欧洲的瓦博科、克诺尔、卢卡斯，美国的德纳、美驰、德尔福等制动器生产厂商的制动器质量可靠，性能稳定，在 1.2 MPa 的制动气压条件下，这些商用车供应商所提供的客(货)制动器的制动效能，是现阶段我们国产客车制动器产品所不能比拟的。

　　近几年来，双前挡玻璃客车大量普及，半层客车、卧铺客车以及双层座位客车、电池驱动型电动客车、各种燃气客车、双燃料客车纷纷出现，使得客车的整备质量大大提高。有的 12m 客车整备质量达到了 14.2t，超过我国最早引进的德国尼奥普兰 316 型 12m 城际大客车 2.7t，而制动器仍然为 0.8MPa 气室压力下的 22.5 吋盘式制动器，这些因素造成国内客车的制动性能远低于欧美国家，交通事故发生概率增加。因此，考虑增加制动气压，在客车和校车上运用 24.5 吋盘式制动器，可明显改善我国客车制动孱弱、制动器制动效能不足的现状，进一步提高中国客车和客运的安全性。

1.2　盘式制动器结构原理

1.2.1　钳盘式制动器结构

　　盘式制动器的固定元件则有着多种结构形式，大体上可分为两类。一类是工作面积不大的摩擦片与其金属背板组成的制动块，每个制动器中有 2～4 个。这些制动块及其促动装置都装在横跨制动盘两侧的夹钳形支架中，总称为制动钳。这种由制动盘和制动钳组成的制动器称为钳盘式制动器。另一类固定元件的金属背板和摩擦片也呈圆盘形，制动盘的全部工作面可同时与摩擦片接触，这种制动器称为全盘式制动器。钳盘式制动器过去只用作中央制动器，但越来越多地被各级轿车和货车用作车轮制动器。全盘式制动器只有少数汽车(主要是重型汽车)采用为车轮制动器，由于散热条件较差，实际应用远没有钳盘式制动器广泛。这里只介绍钳盘式制动器。钳盘式制动器又可分为定钳盘式和浮钳盘式两类。

　　定钳盘式制动器，如图 1.1 所示，跨置在制动盘上的制动钳体固定安装在车桥上，它不能旋转也不能沿制动盘轴线方向移动，其内的两个活塞分别位于制动盘的两侧。制动时，制动油液由制动总泵(制动主缸)经进油口进入钳体中两个相

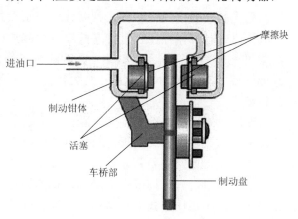

图 1.1　定钳盘式制动器

通的液压腔中，将两侧的摩擦块压向与车轮固定连接的制动盘，从而产生制动。

这种制动器存在以下缺点：油缸较多，使制动钳结构复杂；油缸分置于制动盘两侧，必须用跨越制动盘的钳内油道或外部油管来连通，这使得制动钳的尺寸过大，难以安装在现代化轿车的轮辋内；热负荷大时，油缸和跨越制动盘的油管或油道中的制动液容易受热汽化；若要兼用于驻车制动，则必须加装一个机械促动的驻车制动钳。

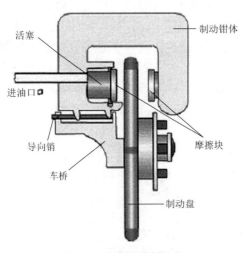

活塞

进油口

导向销

车桥

制动钳体

摩擦块

制动盘

图 1.2　浮钳盘式制动器

浮钳盘式制动器，如图 1.2 所示，制动钳体通过导向销与车桥相连，可以相对于制动盘轴向移动。制动钳体只在制动盘的内侧设置油缸，而外侧的摩擦块则附装在钳体上。制动时，液压油通过进油口进入制动油缸，推动活塞及其上的摩擦片向右移动，并压到制动盘上，并使得油缸连同制动钳体整体沿销钉向左移动，直到制动盘右侧的摩擦片也压到制动盘上夹住制动盘并使其制动。与定钳盘式制动器相反，浮钳盘式制动器轴向和径向尺寸较小，而且制动液受热汽化的机会较少。此外，浮钳盘式制动器在兼充行车和驻车制动器的情况下，只需在行车制动钳油缸附近加装一些用以推动油缸活塞的驻车制动机械传动零件即可。浮钳盘式制动器逐渐取代了定钳盘式制动器。

1.2.2　液压和气压盘式制动器结构

盘式制动器按照驱动方式可以分为液压盘式制动器和气压盘式制动器，但是由于液压盘式制动器存在扭矩传递效率低、漏油、维修不方便等问题，基本只应用于重型起重机上；气压盘式制动器无制动增势作用，制动过程平和，盘式制动器能大大改善城市客车的制动噪声状况，大大提高了商用车(尤其是城市公交车)制动的环保性和舒适性。

液压盘式制动器通常由摩擦副、施力装置和松闸装置组成．其摩擦副由制动盘和摩擦盘组成。工作表面就是摩擦盘的两侧面，施力装置通常采用特制蝶形弹簧。液压盘式制动器通常采用常闭式设计，安全可靠，在港口大中型起重机上应用非常广泛。在起重机起升机构或钢绳变幅机构的设计中，往往将低速轴的大卷筒与摩擦盘作为一体，用液压盘式制动器作为低速轴制动器。对于起升机构或钢绳变幅机构这些具有位能性负载机构的低速轴制动，液压盘式制动器通常也被称为安全制动器。

液压盘式制动器制动时，如图1.3所示，油液被压入内、外两轮缸中，其活塞在液压作用下将两制动块压紧制动盘，产生摩擦力矩而制动。此时，轮缸槽中的矩形橡胶密封圈的刃边在活塞摩擦力的作用下产生微量的弹性变形。放松制动时，活塞和制动块依靠密封圈的弹力和弹簧的弹力回位。由于矩形密封圈刃边变形量很微小，在不制动时，摩擦片与盘之间的间隙每边只有0.1mm左右，它足以保证制动的解除。又因制动盘受热膨胀时，其厚度只有微量的变化，故不会发生"托滞"现象。矩形橡胶密封圈除起密封作用外，同时还起到活塞回位和自动调整间隙的作用。如果制动块的摩擦片与盘的间隙磨损加大，制动时密封圈变形达到极限后，活塞仍可继续移动，直到摩擦片压紧制动盘为止。解除制动后，矩形橡胶密封圈将活塞推回的距离同磨损之前相同，仍保持标准值。

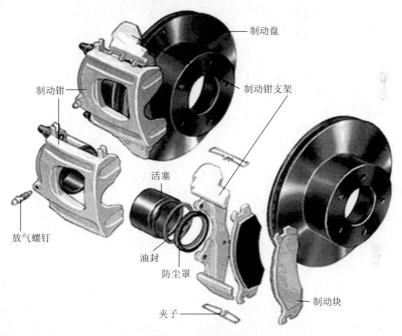

图1.3 液压盘式制动器基本结构

气压盘式制动器的基本结构包括制动盘、摩擦片、钳体、支架、气室等，如图1.4所示。钳体是浮动的，可以相对制动盘轴向移动，钳体的外侧固定一个摩擦片，使外侧的摩擦片可以随钳体的轴向移动而移动，钳体内侧的摩擦片一侧设有传动机构，制动过程中气室将力通过传动机构传给内侧摩擦片的同时，其反作用力传到钳体上，钳体产生的相反运动促使外侧摩擦片也靠向制动盘，从而使两摩擦片夹紧制动盘而实现制动。

气压盘式制动器结构非常紧凑，非常适合大批量装配线生产，有利于预调和在线质量检测的控制，从而使产品质量有了明确的保证。其作为主动安全的总成件，要求左右前后制动器的功能必须动作协调一致，制动力矩的增长速度也要求无差别的一致，由于不存在增势作用，随着气压开关的打开，四个制动器(或左右两个)的制动力矩输出应稳定而可靠。

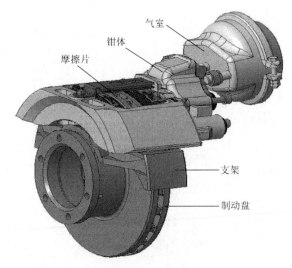

图 1.4　气压盘式制动器基本结构

1.2.3　盘式制动器优缺点

与鼓式制动器相比，盘式制动器具有以下优点：

(1)一般无摩擦助势作用，因而制动器效能受摩擦系数的影响较小，即效能较稳定，而鼓式制动器尤其是增力式鼓式制动器对摩擦系数非常敏感。

(2)盘式制动器的输出力矩平稳，而鼓式制动器的输出力矩曲线中间是马鞍形，起点和终点有翘曲的现象。

(3)在输出制动力矩相同的情况下，盘式制动器的质量和尺寸比鼓式要小。

(4)盘式制动器的制动盘对摩擦衬块无摩擦增力作用，还因为制动摩擦衬块的尺寸不长，其工作表面的面积仅为制动盘面积的 6%～12%，故热稳定性较好。

(5)盘式制动器浸水后效能降低较少，而且只需经一两次制动即可恢复正常，而水对鼓式制动器的影响较大。

(6)车速变化对盘式制动器的影响较小，而对鼓式制动器的影响较大。

(7)制动盘的沿厚度方向的热膨胀量极小，不会像制动鼓的热膨胀那样使制动器间隙明显增加而导致制动踏板行程过大。

(8)较容易实现间隙自动调整，维修较简便。

然而，尽管盘式制动器具有很多突出的优点，但其也存在一些缺陷：

(1)由于摩擦面积小，单位压力较高，摩擦片工作温度相对较高，所以对摩擦材料的性能要求更为苛刻。

(2)由于盘式制动器本身没有增力作用，所以需要为其配备制动助力装置。

(3)盘式制动器对油缸密封性能要求较高，对制动液、橡胶圈及车轮轴承润滑剂的抗热性能要求较高。

1.3　制动摩擦材料的发展和特性

1.3.1　制动摩擦材料的发展

汽车制动摩擦材料是汽车摩擦式制动器的关键材料。摩擦材料的发展大致经历了三个时期：①20 世纪 70 年代中期以前，石棉型摩擦片占主导地位；②70 年代中期至 80 年代中期，由于石棉被确认为是一种强致癌工业原料，所以摩擦材料向非石棉型摩擦片过渡，如半金属型制动摩擦材料、烧结制动摩擦材料、代用纤维增强或聚合物黏结制动摩擦材料、复合纤维制动摩擦材料等；③80 年代中期至今，新型摩擦片大发展并得到工业化生产、大规模应用。

1.3.2　摩擦材料的技术要求及组成

1. 摩擦材料的性能要求

摩擦材料应满足以下性能要求[4]：

(1)合适稳定的摩擦系数和磨损率。理想的制动摩擦材料应该有适宜稳定的摩擦系数和合适的磨损率，做到"柔性"摩擦，尽量避免"热衰退"。

(2)具有良好的机械强度和物理性能。制动摩擦材料必须具有足够的机械强度，以保证在加工或使用过程中不出现破损与碎裂，以免造成制动失效的严重后果。

(3)制动噪声低。环境保护要求车辆制动应尽量减少制动噪声，一般汽车制动时产生的噪声不应超过 85dB[5]。

(4)对偶面磨损较小。制动摩擦材料应具有良好的摩擦学特性，在制动过程中不应将对偶件(即摩擦盘或制动鼓)的表面磨成较重的擦伤、划痕、沟槽等过度磨损的情况。

2. 制动摩擦材料的组成

(1)有机黏结剂　黏结材料的作用是把各组分保持在一起，形成摩擦材料的基体，因此，黏结材料的性能优劣是影响摩擦材料摩擦磨损性能的关键因素。目前常用的黏结材料为酚醛树脂或其改性树脂，由于纯酚醛的硬度和脆性大，耐热性差，因此对其使用环境要求严格，无法适应摩擦材料的发展要求，所以各类改性后的酚醛树脂得到了广泛关注[6,7]。

(2)纤维增强材料　增强纤维的作用是提高摩擦材料的强度以更好承受剪切和冲击力，常见的增强纤维有碳纤维、玻璃纤维、金属纤维和芳纶等[8,9]。

(3)填料　为了改善摩擦材料的加工性能并提高其耐磨性，通常在摩擦材料组分中加入硫酸钡、长石粉、云母和锆石等矿物填料[10,11]，目前常用的填料有两类：一是无机粉状物填料，如石墨、铜粉、铁粉等；二是颗粒状物填料，如焦炭、蛭石等。

(4)摩擦性能调节剂　主要是用来稳定摩擦系数，减少摩擦片和制动盘的磨损，常用的摩擦性能调节剂有氧化铝、氧化硅和硅酸锆[12,13]等。

1.3.3　摩擦材料的分类

1. 石棉类制动摩擦材料

石棉类制动摩擦材料主要以石棉纤维作为增强纤维的一种有机基复合制动摩擦材料。石棉纤维具有熔点高、摩擦系数大、机械强度良好且与黏结剂有强的吸附力，具有优良的综合摩擦学性能。20世纪70年代以前，被广泛应用，并长期占据主导地位。但是，由于石棉的传热性能很差，不能迅速散发汽车制动产生的摩擦热，会导致刹车片热衰退层变厚，增加材料的磨损。同时，生产过程及使用中汽车制动导致石棉挥发对人体呼吸器官有严重损害的物质。

2. 金属基制动摩擦材料

金属基制动摩擦材料主要分为熔铸金属和粉末冶金制动摩擦材料两种。熔铸金属主要指铸铁、青铜等，因其易黏结和高温、高速下摩擦系数低等缺点已被其他材料所取代。粉末冶金制动摩擦材料主要有铜基和铁基两种。它主要是以金属粉末为基体，加入适当减摩剂和增摩剂烧结而成。此类摩擦材料使用寿命较长，但其价格高、制动噪声大、对偶磨损大等缺点使其应用受到了一定限制。

3. 半金属基制动摩擦材料

半金属基制动摩擦材料采用金属纤维或金属非金属复合纤维替代石棉纤维生产制动摩擦材料。其特点是具有优良的综合摩擦学特性，但也存在振动噪声大、边角脆裂等缺点。

4. 碳纤维制动摩擦材料

碳-碳复合摩擦材料是用碳纤维为增强材料制成的一类摩擦材料。其摩擦性能十分优异，具有高强度、高韧性及优良的抗摩擦性能。目前，飞机和赛车都采用了C-C

复合摩擦材料[5]。但也存在摩擦系数不稳定，抗氧化性能差等缺点。我国在 C-C 复合制动材料制备技术上处于国际领先水平。

5. 工程陶瓷基复合制动摩擦材料

这种材料是用陶瓷纤维为增强材料制成的一类摩擦材料。具有高热容量、低磨损率以及抗热冲击的特点，且具有较高的摩擦系数。但是工程陶瓷存在容易断裂的严重缺点，制约了它的广泛应用。近几年发现，工程陶瓷基体经纤维或晶须增强后，不仅强度提高，而且韧性大大上升，为它在制动摩擦材料领域的广泛应用提供了可能。

6. 复合纤维基制动摩擦材料

这种材料是目前最新发展的一类非石棉摩擦材料，采用两种或两种以上纤维作为增强材料，经过特定的工艺将其和基体材料进行混合。这样可兼顾各方优点，充分发挥各种纤维自身的优点，研制出性能优良、成本较低的制动摩擦材料。目前，复合纤维基制动摩擦材料所采用的纤维以无机纤维为主，有时也加入少量的有机纤维。

1.4 盘式制动器热应力问题研究现状

盘式制动器制动过程中，制动盘与摩擦片在气室压力的作用下产生挤压，形成的摩擦力做功发热，产生较高的热流密度，尤其对于装有高压大型盘式制动器的车辆来说，热流密度可以到达 $M \cdot W/m^2$ 数量级别，大大提高了摩擦副间的温升速度和最高温度，加剧温度分布的不均匀性，在制动盘面产生较大的热应力，温度和热机械耦合作用下的热应力周期性反复作用在制动盘上，这极易造成制动盘表面出现热应力疲劳，产生热裂纹，从而造成制动盘失效。

1.4.1 热机耦合数值计算

早期，采用数值计算法求解制动盘热机耦合问题时，都是利用二维轴对称模型来计算的。例如，Valvano[14]、Zagrodzki[15]、Jung[16]等采用 ABAQUS/HKS 研究了摩擦热引起的热弹性接触难题；易茂中[17]、吴萌玲[18,19]等也建立了制动盘的二维轴对称模型，分析了制动盘表面温度。但是这种模型在接触条件上面有所失真，将导致弹性变形计算错误[20]。因此，在轴对称模型的基础上，研究学者开始尝试取制动盘的一部分进行分析。李继山[21]、丁群[22]、杨莺[23]、Choi[24]、郑剑云[25]等取部分制动盘模型为研究对象，分析了制动盘表面的应力场与温度场，计算时假设85%的客车动能转化为热能，将其施加在制动盘和摩擦片的接触区域，这种计算方法考虑了能量在制动盘和摩擦片之间的分配关系，对比二维模型有一定的进步。在以上研究的基础上，林谢昭[26-28]、张海泉[29]等取整个制动盘为研究对象，分析了制动盘表面的瞬态温度场；赵海燕等利用软件 MARC，在制动盘上施加了热流密度，研究了其温度场及应力场的分布情况[30]；张立军等计算与分析了通风盘式制动器在紧急制动工况下盘-片接触压力和热机耦合特性[31]。

1.4.2　温度场

盘式制动器制动过程中，摩擦热流形成的温度场会对摩擦学产生重要的影响，再加上不可见的摩擦界面，造成制动盘温度场的研究依然是国内外的热点和难点[32,34]。目前，常用的盘式制动器温度场的测量方法为：在惯性试验台上模拟制动器实际制动过程，利用接触式或非接触式测温方法，获得制动盘的表面温度。接触式测量，即在制动盘面安装热电偶；非接触式测量则是利用被测物体辐射的红外线进行测温。两者相比较，非接触式不会对物体的自身温度场进行破坏，也不会受到物体的腐蚀等影响，能够获得高测量精度。

Emery 对车用盘式制动器进行了温度、压力、转速、力矩等参数的试验研究，并采用有限元法对其进行温度场分析和验证[35]；Panier 等采用红外热像技术观察制动过程中盘面的温度变化，得出盘面高温区可以沿制动盘径向进行移动的结论，高温区一开始表现为微小的高温斑点，随着制动进行发展为尺寸较大的宏观热斑[36,37]；Anderson 等最早将汽车制动摩擦热产生的热斑按照特点进行归类[38]；Stéphane Panier[39]、Dufrénoy P[40]等采用红外热像仪观察制动盘面温度的变化规律，研究热斑的形成过程，为盘式制动器温度场的试验研究奠定了基础[41,42]。

1.4.3　摩擦副间的传热分析

制动器制动时，在接触界面滑动摩擦力的作用下，绝大多数机械能(约占 95%)转化为热能，剩余能量通过振动和噪声等方式耗散。Yevtushenko 和 Grzes[43]在研究盘式制动器瞬态热摩擦有限元仿真的过程中，指出制动盘和摩擦片之间的热流分配系数对结果有着重大影响，对不同的热流分配系数方案进行有限元模拟和比较。除了摩擦生热，Mason 等[44]认为，材料磨损也是界面热源的组成部分。另外，Kennedy[45]认为材料的塑性变形也是接触面热源之一。上述热力学现象的复杂性给利用解析方法建立物理模型求解制动过程的温度场造成极大困难。但是如果将制动器几何结构和热边界条件进行简化，并且忽略热-应力耦合效应，就可以求得制动器温度场分布的解析解。例如，Yevtushenko 和 Kuciej[46]将摩擦片和制动盘匀减速制动过程中的相互作用简化为一维热传导问题，并且分析摩擦片上表面散热条件对摩擦片温度和热应力的影响；Kuciej[47]将制动盘-摩擦片-制动钳摩擦系统简化为二维平面内的一维热传导问题，利用拉普拉斯变换积分和杜哈梅定理获得了此模型热传导微分方程的解析解。

　　和解析方法相比，有限元法在处理复杂几何形状、材料和边界非线性方面有着巨大优势。罗庆生和韩宝玲[48]利用热分析理论和有限元方法对汽车摩擦片摩擦热的分布情况进行了研究。Bakar 和 Ouyang 等[49]认为盘式制动器的有限元热分析应当考虑表面粗糙度和磨损，并在他们的文章中给出考虑这些因素的仿真结果。Yevtushenko 和 Grzes[50]利用有限元方法研究四种不同材料的摩擦片和制动盘在相同制动条件下的温度分布，并得出多数摩擦片材料对温度场影响不大的结论。

1.5　盘式制动器摩擦学问题研究现状

　　制动过程是一个复杂的典型随机过程，干式制动摩擦系统由摩擦衬片、摩擦对偶件及摩擦界面第三体(界面膜、磨粒等)组成。制动过程中，摩擦材料与金属配偶所产生的摩擦力可以使接触表面变形、黏着点撕裂，使硬质点或是磨屑产生犁削效应，其摩擦学性能和磨损机理与制动过程的各个参数、材料性质、表面形貌以及环境因素等有关。大量研究表明，对于干摩擦及边界摩擦，在一定压力条件下，摩擦系数和磨损率与最大表面温度之间有着明确的函数关系。由于摩擦磨损过程的耗散性和不可逆性，导致目前大多数在特定的摩擦学系统条件下所进行的摩擦材料研发，其结论和规律性也只适合于此特定的系统条件。

1.5.1　制动摩擦学行为和机理

　　制动摩擦磨损特性除了受到摩擦材料内在性质的影响，在实际应用中还受到许多外在因素(如速度、压力、温度等)的影响。为此，制动器摩擦学性能大多要通过摩擦学试验来进行研究，所考虑的摩擦学性能指标为摩擦因素、磨损率等常规摩擦学性能参数，所考虑的影响条件一般为滑动速度、制动压力、温度等因素。

1. 速度对材料摩擦学性能的影响

　　制动器的制动过程是将机械系统的动能通过摩擦作用转化为热能和其他形式的能量消耗掉，从而达到制动目的。由于机械系统的动能和速度的平方成正比，所以制动速度必定是制动器摩擦学行为的重要因素之一。

　　一般情况下，制动速度 v 越大,摩擦系数 μ 越大。具体变化的程度,不同的学者根据各自的实验条件得出的结论也不一致。其中，肖鹏[51]和 Zhang[52]研究表明制动速度的提高使 C / C-SiC 复合摩擦材料的摩擦系数先升高后降低，磨损率先增加后降低，然后又急剧上升；Bao[53]研究制动初速度和制动频率对无石棉闸瓦用于矿井提升机的摩擦学性能的影响，随着制动初速度的增加，平均摩擦系数先下降再上升。研究表明，随着制动初速度的升高，摩擦系数先增大，到达一定速度后开始缓慢下降，最后趋于稳定。在低和中等的滑动速度时,摩擦主要是由于接触区的局部黏着和剪切引起的，摩擦阻力表现为表面发热，可以认为这种发热效应对总的摩擦机理不会有大的影响，但在很高滑动速度下，金属表面产生极为强烈的摩擦热，它将从本质上改变滑动的表面状态，尤其在工况恶劣的情况下，制动性能极易可能发生突变。基于突变理论和突变理论的应用，Bao[54,55]和Zhu[56]结合制动试验结果和突变理论，建立了提升机多次连续紧急制动过程中闸瓦摩擦因数的尖点突变模型，基于摩擦突变模型，分析了提升机紧急制动过程中闸瓦摩擦磨损特性的突变学特征，讨论摩擦突变发生的必要条件和临界状态，并对摩擦突变进行了定性分析和初步预测等。

摩擦学研究表明，制动器的磨损率特性在不同制动初速度的情况下的差异主要是源自摩擦表面的温度变化。在制动初速度较小时，磨损率随着制动初速度的增大而增大，当速度达到一定程度后开始缓慢下降，但是在更好的制动速度下磨损又会加剧。在这个过程中，磨损机理可能发生了变化。肖鹏[51]通过制动速度对C/C-SiC复合材料摩擦磨损性能测试实验验证了这一理论。在制动速度较低时，摩擦表面吸附的水分和氧气会在磨损表面产生一个润滑膜，因此磨损率较低。随着制动速度的增大，摩擦表面温度升高，水分遇热蒸发，从而使摩擦表面的大量微凸体发生弹塑性变形、剪切、破裂，从而产生大量的磨屑，嵌入到接触表面，在上面犁出沟槽，使啮合阻力增大，增大了摩擦力以及磨损率。在较高的制动初速度下，大量的磨屑随之产生，产生的磨屑在收到接触平台的阻力之后会产生更小的磨屑，细小的磨屑具有的高分子能使其互相吸引形成摩擦层。形成的摩擦层在温度和压力的作用下，光滑均匀地覆盖在接触表面，使磨损率略微减小。但是，如果制动速度继续增加，接触表面的微凸体会发生变形、剪切、脱落，形成的磨屑会由于较大的离心力甩出接触表面，而接触表面因为累积了大量的热量，从而发生黏着磨损和氧化磨损，磨损率进一步增大。

2. 压力对材料摩擦学性能的影响

基于现代摩擦学理论，制动器摩擦力取决于摩擦副之间实际接触面积的大小，制动压力通过接触面积的大小和变形状态来影响摩擦力。接触点数目和接触点尺寸随着制动压力而增加，起初是接触点尺寸增大，随后是接触点数目的增多。若表面发生塑形接触，摩擦因素和制动压力无关，但一般情况下制动副接触表面处于弹塑性接触状态，且制动压力也会引起其他因素的变化，因此实际接触面积并不与制动压力成正比，摩擦力也不和压力成正比。2007年，黄健萌[57]等分别对制动器多个状态下的摩擦面上压力场的分布规律，进行了准确的数值模拟。根据模拟结果，指出接触压力与想象中的均匀分布并不一致，而是由盘体和摩擦片的变形情况、压力以及力-热-结构耦合程度所决定。2009年，杜鹏和刘辉[58]等利用ABAQUS软件对装有ABS的盘式制动器在不同附着系数路面的紧急制动过程中制动盘的动应力分布进行分析和研究，研究表明在较低的制动压力下，表面摩擦层尚未成形，接触界面的微凸体在压力的作用下变形、破碎，形成磨屑嵌入摩擦材料基体中，增大了实际基础面积，机械阻力增大，摩擦力受到摩擦表面的微凸体和热影响层之间的力学性能影响，摩擦因数较高。摩擦形成的磨屑，嵌入、堆积、填充到摩擦表面，形成摩擦层，减小了磨损。

钢、铁等金属材料与摩擦材料所构成的摩擦副随着压力的增加摩擦系数不断增大。但颗粒增强铝基复合材料随压力增加，摩擦系数变化规律与钢、铁等金属材料有所不同。牟超[59]等通过制动压力在不同工况下对材料摩擦磨损性能的实验发现颗粒增强铝基复合材料磨损过程随载荷的变化经历三个阶段。第一个阶段是磨合阶段，这是开始磨损阶段，载荷较低，摩擦副相对运动距离短，摩擦系数 μ 不是常数，磨损率先较快增长，然后缓慢增长，磨粒磨损是这一阶段的主要磨损机理。第二个阶段是稳定磨损阶段，在较低载荷、较低运动速度的情况下，磨损率较低，摩擦系数保持不变，第二阶段非常关键，它的长短决定了材料的磨损失效寿命。第三阶段是严重磨损阶段，如果继续增加载荷，材料将进入严重磨损阶段，磨损率突增近两个数量级，摩擦系数达到最大值，占主导的磨损机理是黏焊，磨屑是由剥层和擦伤造成的。颗粒增强铝基复合材料在正压力由小到大时，磨损率由大变小，超过临界载荷又突然增大；摩擦系数随滑动速度增大而减小，压力越高则摩擦系数越小。

3. 温度对材料摩擦学性能的影响

在速度和载荷的作用下，制动产生的摩擦热会使摩擦材料表面发生软化、热降解，黏结剂汽化，导致摩擦因素下降，制动性能降低。由于温度是速度和压力共同作用的结果，所以温度是影响摩擦材料摩擦学性能及其磨损机理的直接因素，也是导致制动摩擦失效最主要的因素。2006 年，王志刚[60]通过试验台模拟制动器的真实工况，对提升机制动器闸瓦进行热特性测试，探讨了摩擦因数随摩擦面温度的变化规律，发现了热衰退现象，并提出了热分解温度的概念。当制动器在多次连续紧急制动后，摩擦副表面快速累积的摩擦热使其接触表面的材料发生了热分解失效，制动器摩擦形式由干摩擦状态突变为气、固、液共存的混合润滑状态，可能导致摩擦因数急剧减小，制动性能大幅度降低，出现摩擦突变现象。

相对于滑动速度和制动压力来说，制动器摩擦副表面的温度计算和分析一直都是摩擦学问题研究的重点。其中，李龙[61]通过温度对轮轨摩擦副摩擦系数和磨损的影响的研究，发现随着温度的不断升高，摩擦系数的变化主要分为三个阶段：一是缓慢上升阶段，二是迅速减小阶段，三是缓慢减小阶段。在温度较小时，随着温度的上升，摩擦副表面材料的强度和硬度开始慢慢下降，韧性和塑性逐渐增加，导致摩擦系数变大，而当温度到达一定程度后，就会出现热衰退现象，材料的强度和硬度随着温度的升高而突然增大，导致摩擦系数开始迅速下降。随着温度的继续升高，材料开始奥氏体化，变得非常软，表面氧化速度变快，在表面可以迅速形成一层很厚的氧化膜，摩擦系数减小的速度开始变缓。在此基础上，王坤、李海斌[62]等采用不同的摩擦材料进行了对温度的敏感特性测试，也验证了这一规律，但是对于不同摩擦材料，由于热稳定性不同，其出现热衰退的温度也不相同。

1.5.2　磨损模型分析

关于材料磨损模型的研究已有 50 多年的历史,但每一种磨损模型仅适用于特定的材料、接触、工况、环境及润滑条件，其原因在于影响制动器摩擦片磨损的因素很多，如法向载荷、相对滑移速度、表面几何特征、温度、材料特性、环境条件等。磨损建模的方法可分为三种：①基于经验关系建模，即通过对单一或少数试验条件下所得的数据进行拟合得出数学公式；②基于接触力学建模，即通过分析实际工作条件，将其假设为某一简单关系式，并求出公式系数；③基于材料失效机制建模，包括错位力学、疲劳特性、剪切失效以及脆性断裂性能等[63,64]。

基于接触力学建模的方法最适用于描述磨损试验结果，如 Archard 模型、Sarkar 模型、相对等效应力模型、Rhee 模型、耗散能模型等。Abubakar 等采用 Rhee 磨损模型描述固定温度下的盘式制动器摩擦材料损失与法向接触压力、制动盘转速、滑动时间之间的关系[65]；Soerberg 等采用 Archard 磨损模型描述盘式制动器摩擦材料磨损率与法向载荷和制动距离之间的关系[66]；Ashraf 等认为 Archard 磨损模型适合描述汽车上高分子聚合物之间的滑动摩擦[67]；Martineza 等人在研究高分子聚合物与金属滑动磨损过程中，对 Archard 磨损模型进行修正，把材料磨损率看成是接触压力与弹性模量比值的罚函数[68]。

1.5.3　热摩擦磨损数值计算

在载荷作用下，摩擦副制动产生的热，严重地影响着材料的物理-力学性能及化学性能的变化，是影响材料摩擦学性能及其磨损机理的直接因素。温度不仅使复合摩擦材料发生热降解、黏结剂的气化，导致摩擦系数发生变化、制动性能降低；也使对偶件发生局部材料的相变与热变形，出现局部热点，加速了制动器的磨损。

1999 年，Podra[69]等首次采用有限元法进行物体滑动磨损求解，推动了热摩擦磨损数值计算的发展；2002～2009 年，Cantizano[70]，Azeem[71]等采用有限元法模拟了销盘式摩擦磨损试验，通过在有限元程序中插入表面微凸体的接触塑性来实现材料的磨损；2011 年，Bekesi[72]等采用在传统的 Archard 磨损模型上增加表面破损的方式，利用有限元软件分析了往复移动的密封圈的磨损，但由于这些磨损仿真没有网格重画功能，因此磨损仅仅停留在求解物体的表层单元，且多适合于二维模型或轴对称模型，与实际磨损情况有较大差异，但随着网格自适应技术(ALE)的发展，有效的打破了最大磨损量小于表层单元高度的束缚，改善了上述缺陷。2012 年，Rezaei[73]等利用自适应网格技术，采用 Archard 磨损公式及混合拉格朗日-欧拉公式研究了滑动轴承和转轴接触时的磨损情况。

目前，关于热摩擦磨损的数值计算尚处于开始时期。2002 年，Ireman[74]等进行了热摩擦磨损问题的迭代求解，但是此方法只能在结构比较简单的二维平面上应用，且忽略了温度对材料特性及摩擦磨损的影响，存在较大的局限性；2004 年，Choi[75]等利用上述方法研究了摩擦片与制动盘间的热弹性接触问题，但是计算过程中忽略了制动摩擦对接触的影响，误差较大；2013 年，Ostermeyer[76]等研究了摩擦片磨损对盘式制动器热弹性失稳的影响，同年，Abbasi[77]等采用有限元法分析了销-盘试验的热摩擦磨损过程，为汽车盘式制动器热摩擦磨损求解问题奠定了基础。

1.6　盘式制动器制动性能检测技术研究现状

1.6.1　制动器制动性能

汽车制动性能是指汽车在行驶时能在短距离停车且维持行驶方向稳定性和在下长坡时能维持一定车速的能力[78]。汽车制动效能、制动效能的恒定性和制动时汽车的方向稳定性是汽车制动性能的三个重要评价指标。

（1）制动效能是指汽车迅速降低行驶速度直至停车的能力，是制动性能最基本的评价指标。它是由制动力、制动减速度、制动距离和制动协调时间来评定。

（2）制动效能的恒定性主要是指制动器的抗热衰退性。制动器在多次制动后，温度常在 300℃ 以上，有时高达 600～700℃，而且汽车在较高的转速下制动时，制动器的温度上升也很快。制动器温度上升后，其旋转元件和固定元件之间的摩擦副产生的摩擦力矩会显著下降，这种现象称为制动器的热衰退性。

（3）制动时汽车的方向稳定性是指制动稳定性。通常用制动时汽车按给定轨迹行驶的能力来评价，即汽车制动时维持直线行驶或预定弯道行驶的能力。

1.6.2　制动器制动性能检测

对于汽车盘式制动器制动性能检测包括对制动力、制动减速度、制动温度、制动距离、制动振动和噪声等典型的制动性能特征量进行检测。

1. 制动力检测

盘式制动器通过施加制动力，从而使摩擦副之间产生摩擦，并且形成与制动盘旋转方向相反的制动力矩，使得制动盘减速和停转。因此，对制动力或制动力矩的检测是确保制动器可靠制动的关键因素之一。

目前，对制动力进行检测的方法大多为采用传感器进行采集信号，然后传输到上位机进行分析。冯雪丽[79]等设计了一套由电机、变频器、减速器、液压装置、传感器和计算机等组成的制动性能测试台，通过测控系统软件建立多个模块进行试验控制、信号采集、数据显示处理等，可以实时、准确地记录盘式制动器制动过程中制动力的大小及其变化。赵祥模[80]等通过欧式制动试验台对制动力数据进行采集，并通过软件采用数据拟合方法使得制动力的检测精度提高，并大大提高了制动性能的检测稳定性和可靠性。

2. 制动减速度

盘式制动器的制动通过施加制动力使得制动盘减速。制动减速度是制动时车速对时间的倒数，它反映了地面制动力的大小，与制动器的制动力(车轮滚动时)以及附着力(车轮抱死时)有关。它可以很直观地反映制动器的制动性能，对其的检测有利于分析制动性能的状态。

对于制动速度检测，其方法主要是通过光电编码器和其他传感器对旋转速度直接采集，再经过上位机进行分析和显示。例如，刘同增[81]等介绍了一种智能检测系统，该系统在盘式制动器上安装压力传感器以及位移传感器进行采集压力和位移信号，并通过上位机进行获得数据。在制动过程中，采用旋转编码器来测量运行速度，并根据速度曲线来确定制动初速度和时间，再经过计算获得制动减速度。葛平花[82]等通过 SZGB-11 型号的光电传感器将变化，转速变化转变为光通量，再转换为电量变化。并将光电传感器安装在主轴上，将光束照射在黑白线图纸上，获得与转速成正比的脉冲数，从而计算出转速及减速度。

3. 制动温度

盘式制动器在制动过程中将机械系统的动能转化为摩擦热能，是一个能量转换的过程。在这过程中，小部分的热量散发到空气中，而大部分的热量由制动器吸收，从而引起制动摩擦副的温度升高。随着温度的上升，使得摩擦材料发生复杂的物理和化学变化，从而导致制动性能发生热衰退，摩擦系数随着温度的升高而降低；当温度降低到低温区间时，摩擦系数又会逐渐恢复。摩擦材料的这一特性使制动器的制动性能在不同温度下发生明显的变化。

按照温度传感器是否与制动原件直接接触，制动温度的检测方法可以分为直接法和间接法。直接法又可以分为预置法和预埋法，预置法即在摩擦副元件表面放置测温元件，从而达到提取温度信号的目的，此种方法常见于摩擦试验台和摩擦试验机上；预埋法即在摩擦副元件内放置测温元件，从而可以捕捉摩擦温升信号，此种方法可以测出体积温度，但是通常测点布置较为麻烦，且温度梯度较大时误差很大，一般可用于由传热性能比较稳定材料构成的摩擦副测温系统。间接法的基本思想为通过检测和制动温度相关的温度来间接推算出摩擦副的温度，这种方法的实现要借助于传热方程及热传导的相关理论。间接法主要用于测温空间受结构或材料限制的场合以及测温元件无法直接安装在摩擦副上的工况条件。农万华[83] 等通过对不同几何形状和排布的摩擦块闸片进行计算，通过形函数模拟获得制动盘的温度以及应力的分布规律。王坤等[84]通过所设计的制动器惯性试验台进行汽车制动过程的模拟研究，在制动蹄片和制动衬片内安装测温热电偶，实现对制动温度的检测和分析。

4. 制动距离检测

制动距离是与行驶安全直接有关的制动性能指标，制动距离越小，汽车的制动性能越好。通常情况下，制动距离是指在指定的道路以及规定的初速度条件下，机动车急踩制动从脚接触到制动踏板时或者手触动制动手柄时开始，直至车辆停止时所经过的距离。纪王芳等[85]通过设计的试验台架进行制动的综合性能试验，可模拟实际工况的惯性载荷，并且把事物直接装在电机主轴上进行室内试验，获得制动距离等参数及相关曲线。而制动距离由制动减速度决定，可由制动减速度通过公式来获得制动距离。如杨军等[86]通过改变制动减速度来获得不同制动距离，从而获得减速度的线性和非线性与制动距离的可靠关系提高和改善制动性能。

5. 制动振动及噪声检测

在制动器制动过程中，摩擦片和制动盘作为汽车制动过程中的主要工作部件，所受的工况最为恶劣。摩擦片与制动盘之间相互作用的力为摩擦力，摩擦力方向与运动方向相反且作用于运动零件接触表面上，摩擦力的某些特性将会激发运动部件振动，从而产生噪声。由摩擦作用产生的振动和噪声也是反映制动性能的因素，并且会影响交通车辆等的行驶安全性等。目前，对于振动和噪声的分析和处理方式主要包括时域法、频域法和时频法。

时域法是通过研究振动信号随时间的变化规律，主要关于幅值分析、波形特性以及时差特性等。如苏永生等[87]采用设定幅值阈值，提取振动峰值，并对其均方根和标准差进行计算，并将此作为特征参量进行振动检测。

频域法是将时域信号转变为频域信号，研究其频域特征信息获得振动的表征量。如彭恩高等[88]对振动频谱信号进行检测并记录，通过信号数据分析其固有频率对摩擦振动的影响。王大鹏[89]通过相关的试验测试技术及分析原理对制动噪声进行了相应的测试、频谱分析以及相干分析，获得信息及频谱图；并通过有限元分析获得固有频率和振型图，从而为降低噪声以及优化制动器的设计提供依据。

时频法基本原理为建立时间和频率的关系函数，其特点在于时间和频率的局部变化，并且通过时频平面得出目标信号的各个频带在时间轴上的分布和排列。在时频法中主要采用小波分析法，以傅里叶分析为基础，能较好地出来非平稳信号和局部突变信号。如黄朝明[90]通过利用连续的小波变换时频图像和图像分割技术来提取摩擦振动特征参数，绘制振动信号频谱图并对摩擦副的振动进行量化，可有效反映摩擦振动信号的特征。

参 考 文 献

[1] 余志生. 汽车理论[M]. 北京: 机械工业出版社, 2003.

[2] 潘公宇. 盘式制动器的特点及其应用的前景[J]. 汽车研究与开发, 1996, (02).

[3] 葛振亮, 吴永根, 袁春静. 汽车盘式制动器的研究进展[J]. 公路与汽运, 2006, (01).

[4] 马洪涛, 张勇亭, 杨军. 汽车制动摩擦材料研究进展[J]. 现代技术制造与装备, 2011, 204(5): 76-79.

[5] 刘晓斌, 李呈顺, 梁萍, 等. 刹车片用无石棉摩擦材料的研究现状与发展趋势[J]. 材料导报, 2013, 27(5): 265-267.

[6] Lu S R, Jiang Y M, Wei C. Preparation and characterization of EP/SiO hybrid materials containing PEG flexible chain[J]. Journal of Materials Science, 2009, 44(15): 4047-4055.

[7] Kang S, Hong S, Choe C R, et al. Preparation and characterization of epoxy composites filled with functionalized nanosilica particles obtained via sol-gel process[J]. Polymer, 2001, 42: 879-887.

[8] Satapathy B K, Bijwe J. Performance of friction materials based on variation in nature of organic fibres[J]. Wear, 2004, 257(5-6): 585-589.

[9] Mohanty S, Chugh Y P. Development of fly ash-based automotive brake lining[J]. Tribology International, 2007, 40(7): 1217-1224.

[10] Zhao Y L, Lu Y F, Maurice A W. Sensitivity series and friction surface analysis of non-metallic friction materials[J]. Materials & Design, 2006, 27 (10): 833-838.

[11] Drava G, Leardi R, Portesani A, et al. Application of chemometrics to the production of friction materials: analysis of previous data and search of new formulations[J]. Chemometrics and Intelligent Laboratory Systems, 1996, 32(2): 245-255.

[12] Kim S J, Cho M H, Cho K H, et al. Complementary effects of solid lubricants in the automotive brake lining[J]. Tribology International, 2007, 40(1): 15-25.

[13] Luise G H, Allan B, Georg T, et al. Tribological properties of automotive disc brakes with solid lubricants[J]. Wear, 1999, 232(2): 168-175.

[14] Valvano T, Lee K. An analytical method to predict thermal distortion of a brake rotor[J]. SAE technical paper series, 2000, 01: 40-45.

[15] Zagrodzki P, Lam K B, AI Bahkali E, et al. Nonlinear ransient behavior of a sliding system with frictionally excited thermoelastic instability[J]. Journal of Tribology, 2001, 123(10): 699-708.

[16] Jung S P, Song H S, Park T W, et al. Numerical analysis of thermoelastic instability in disc brake system[J]. Applied Mechanics and Materials, 2012, 110: 2780-2785.

[17] 易茂中, 冉丽萍. 制动盘温度的有限元计算与实验研究[J]. 石油机械, 1998, 26(9): 15-18.

[18] 吴萌岭. 准高速客车制动盘温度场及应力场的计算与分析(上)[J]. 铁道车辆, 1995, 33(9): 6-8.

[19] 吴萌岭. 准高速客车制动盘温度场与应力场的计算与分析（下）[J]. 铁道车辆, 1995, 33（9）: 35-38.

[20] Floquet A. Thermomechanical behavior of mulitilayered media[J]. ASME J of Tribo, 1989, 11（1）: 538-545.

[21] 李继山, 林枯亭, 李和平. 高速列车合金锻钢制动盘温度场仿真分析[J]. 铁道学报, 2006, 28（4）: 45-48.

[22] 丁群, 谢基龙. 基于三维模型的制动盘温度场和应力场计算[J]. 铁道学报, 2002, 24（6）: 34-38.

[23] 杨莺, 王刚. 机车制动盘三维瞬态温度场与应力场仿真[J]. 机械科学与技术, 2005, 24（10）: 1257-1260.

[24] Choi J H, Lee I . Finite element analysis of transient thermoelastic behaviors in disk brakes[J]. Wear, 2004, 1（2）: 47-58.

[25] 郑剑云, 郭晓晖, 包子赛, 等. 提速客车制动盘应力有限元分析[J]. 机车车辆工艺, 2002, 3: 4-6.

[26] 林谢昭, 高诚辉. 紧急制动过程制动盘表面非轴对称温度场的数值模拟[J]. 摩擦学学报, 2002, 22（4）: 366-369.

[27] Gao C H, Lin X Z. Transient temperature field analysis of brake in nonaxisymmetric three-dimensional model[J]. Journal of aterials Processing Tech, 2002, 129（13）: 513-517.

[28] 林谢昭, 高诚辉. 盘式制动器非轴对称温度场的有限元模型[J]. 疲劳与断裂工程设计论文集, 西安, 2002: 404-407.

[29] 张海泉, 赵海燕, 汤晓华, 等. 快速列车盘型制动热过程有限元分析[J]. 清华大学学报（自然科学版）, 2005, 45（5）: 23-29.

[30] 赵海燕, 徐济民, 陈强, 等. 高速列车制动盘寿命评估[R]. 清华大学科技研究报告, 2003.

[31] 张立军, 陈远, 刁坤, 等. 盘式制动器接触压力与热机耦合特性仿真分析[J]. 同济大学学报（自然科学版）, 2013, 41（10）: 1554-1561.

[32] 苏海赋. 盘式制动器热机耦合有限元分析[D]. 华南理工大学, 2011.

[33] 蔡运迪. 海洋钻井绞车水冷盘式制动器失效机理分析[D]. 江苏科技大学, 2012.

[34] 高诚辉, 黄健萌, 林谢昭, 等. 盘式制动器摩擦磨损热动力学研究进展[J]. 中国机械工程学报, 2006, 4（1）: 83-88.

[35] Emery A F. Measured and predicted temperatures of automotive brakes under heavy or continuous braking[J]. SAE technical paper series, 2003, 01: 12-27.

[36] Panier S, Dufrénoy P, Weichert D. An experimental investigation of hot spots in railway disc brakes[J]. Wear, 2004, 256: 764-773.

[37] Gérard Degallaix, Philippe Dufrénoy, Jonathan Wong, et al. Failure mechanisms of TGV brake discs[J]. Key Engineering Materials, 2007, 345: 697-700.

[38] Anderson A E, Knapp R A. Hot spotting in automotive friction systems[J]. Wear, 1990, 135: 319-325.

[39] Stéphane Panier, Philippe Dufrénoy, Pierre Brémondc. Infrared characterization of thermal

gradients on disc brakes[J]. Proceedings of SPIE, 2003, 573: 295-302.

[40] Dufrénoy P, Weichert D. Prediction of railway disc brake temperatures taking the bearing surface variations into account[J]. Proc IMechE Part F: J Rail Rapid Transit, 1995, 209: 67-76.

[41] Dufrénoy P, Bodovillé G, Degallaix G. Damage mechanisms and thermo mechanical loading in brake discs[J]. Temperature-Fatigue interaction, L. Rémy & J. Petit, 2001, 46: 167-176.

[42] Kao T, Richmond J W, Douarre A. Brake disc hot spotting and thermal judder: An experimental and finite element study[J]. Int. J. of Vehicle Design, 2001, 23: 276-296.

[43] Yevtushenko A, Grzes P. Finite element analysis of heat partition in a pad/disc brake system[J]. Numerical Heat Transfer; Part A: Applications, 2011, 59(7): 521-542.

[44] Mason J J, Rosakis A J, Ravichandran G. On the strain and strain rate dependence of the fraction of plastic work converted to heat: An experimental study using high speed infrared detectors and the kolsky bar[J]. Mechanics of Materials, 1994, 17(2–3): 135-145.

[45] Kennedy F E. Surface temperatures in sliding systems-a finite-element analysis[J]. Journal of Lubrication Technology-Transactions ofthe Asme, 1981, 103(1): 90-96.

[46] Yevtushenko A, Kuciej M. Temperature and thermal stresses in a pad/disc during braking[J]. Applied Thermal Engineering, 2010, 30(4): 354-359.

[47] Kuciej M. The thermal problem of friction during braking for a three-element tribosystem with a composite pad[J]. International Communications in Heat and Mass Transfer, 2011, 38(10): 1322-1329.

[48] 罗庆生, 韩宝玲. 汽车摩擦片摩擦热分布规律的分析与研究[J]. 润滑与密封, 2004(02): 20-22, 26.

[49] Bakar A R A, Ouyang H, Khai L C, et al. Thermal analysis of a disc brake model considering a real brake pad surface and wear[J]. International Journal of Vehicle Structures and Systems, 2010, 2(1): 20-27.

[50] Yevtushenko A A, Grzes P. Axisymmetric finite element model for the calculation of temperature at braking for thermosensitive materials of a pad and a disc[J]. Numerical Heat Transfer; Part A: Applications, 2012, 62(3): 211-230.

[51] 肖鹏, 李专, 熊翔, 等. 不同制动速度下 C/C-SiC-Fe 材料的摩擦磨损行为及机理[J]. 中国有色金属学报, 2009, 19(6): 1044-1048.

[52] Zhang J Z, Xu Y D, Zhang L T, et al. Effect of braking speed on friction and wear behaviors of C/C-SiC composites[J]. International Journal of Applied Ceramic Technology, 2007, 4(5): 463-469.

[53] Bao J S, Zhu Z C, Yin Y, et al. Influence of initial braking velocity and braking frequency on tribological performance of non-asbestos brake shoe[J]. Industrial Lubrication and Tribology, 2009, 61(6): 332-338.

[54] Bao J S, Zhu Z C, Yin Y, et al. Catastrophe model for the friction coefficient of mine hoister's brake shoe during emergency braking[J]. Journal of Computational and Theoretical Nano science, 2009, 6(7): 1622-1625.

[55] 鲍久圣. 提升机紧急制动闸瓦摩擦磨损特性及其突变行为研究[D]. 中国矿业大学博士学位论文. 2009.

[56] Zhu Z C, Bao J H, Yin Y, et al. Frictional catastrophe behaviors and mechanisms of brake shoe for mine hoisters during repetitious emergency braking. Industrial Lubrication and Tribology, 2013, 65(4).

[57] 黄健萌, 高诚辉. 盘式制动器摩擦界面接触压力分布研究[J]. 固体力学学报, 2007(03).

[58] 杜鹏, 刘辉, 毛英慧. 基于 ABAQUS 的 ABS 盘式制动器动应力分析[J]. 汽车零部件, 2009(07).

[59] 牟超. 摩擦条件对制动闸片摩擦磨损性能的影响[D]. 大连理工大学硕士学位论文, 2008.

[60] 王志刚. 制动器摩擦材料的热衰退现象研究[J]. 矿山机械学报, 2006, 12(34): 66-68.

[61] 李龙, 温度对轮轨摩擦副摩擦系数和磨损的影响研究[D]. 兰州大学硕士学位论文, 2015.

[62] 王坤, 李海斌, 刘晓东. 制动器制动温度对制动性能的影响[J]. 中国新技术新产品学报, 2013, 12(上): 82-83.

[63] Meng H C, Ludema K C. Wear models and predictive equations: their forma and content[J]. Wear, 1995, 181: 443-457.

[64] Jens Wahlström. Towards a cellular automaton to simulate friction, wear, and particle emission of disc brakes[J]. Wear, 2014, 313: 75-82.

[65] Abubakar A R, Ouyangb H. Wear prediction of friction material and brake squeal using the finite element method[J]. Wear, 2008, 264: 1069-1076.

[66] Soerberg A, Andersson S. Simulation of wear and contact pressure distribution at the pad-to-rotor interface in a disc brake using general purpose finite element analysis soft ware[J]. Wear, 2009, 267: 2243-2251.

[67] Ashraf M A, Sobhi-Najafabad B, Göl Ö, et al. Numerical simulation of sliding wear for a polymer–polymer sliding contact in an automotive application[J]. Int J Adv Manuf Technol, 2009, 41: 1118-1129.

[68] Martineza F J, Canalesa M, Izquierdoa S, et al. Finite element implementation and validation of wear modeling in sliding polymer–metal contacts[J]. Wear, 2012, 284: 52-64.

[69] Podra P, Andersson S. Simulating sliding wear with finite element method[J]. Tribology International, 1999, 32(2): 71-81.

[70] Cantizano A, Carnicero A, Zavarise G. Numerical simulation of wear-mechanism maps[J]. Computational materials science, 2002, 25(1-2): 54-60.

[71] Azeem A M, Sobhi-Najafabadi B, Gol O, et al. Numerical simulation of sliding wear for a polymer-polymer sliding contact in an automotive application[J]. International Journal of Advanced Manufacturing Technology, 2009, 41(11-12): 1118-1129.

[72] Bekesi N, Varadi K, Felhos D. Wear simulation of a reciprocating seal[J]. Journal of Tribology, 2011, 133(3): 31-39.

[73] Rezaei A, Van Paepegem W, de Baets P, et al. Adaptive finite element simulation of wear evolution in radial sliding bearings[J]. Wear, 2012, 296: 660-671.

[74] Ireman P, Klarbring A, Stromberg N. Finite element algorithms for thermo elastic wear

problems[J]. European Journal Of Mechanics A-solids, 2002, 21(3): 423-440.

[75] Choi J H, Han J H, Lee I. Transient analysis of thermo elastic contact behaviors in composite multidisk brakes[J]. Journal of Thermal Stresses, 2004, 27(12): 1149-1167.

[76] Ostermeyer G P, Graf M. Influence of wear on thermoelastic instabilities in automotive brakes[J]. Wear, 2013, 308(1-2): 113-120.

[77] Abbasi S, Teimourimanesh S, Vernersson T, et al. Temperature and thermo elastic instability at tread braking using cast iron friction material[J]. Wear, 2013, 135: 601-608.

[78] 鹿胜宝. 气压盘式制动器结构与性能研究[D]. 武汉理工大学, 2014.

[79] 冯雪丽, 李柏年. 汽车盘式制动器性能测试台研发[J]. 研究与开发, 2013, (9): 91-93.

[80] 赵祥模. 汽车制动性能检测中制动力数据拟合与优化方法研究[J]. 中国公路学报, 2003, 16(3): 100-104.

[81] 刘同增. 盘式制动器制动性能智能监测系统的应用[J]. 工矿自动化, 2010, (07): 120-121.

[82] 葛平花, 刘飞鹏. 盘式制动器制动技术性能的测定[J]. 中国西部科技, 2009, 08(9): 35-36.

[83] 农万华. 基于闸片结构的列车盘形制动温度和应力的数值模拟及试验研究[D]. 大连交通大学, 2012.

[84] 王坤, 李海斌, 刘晓东. 制动器制动温度对制动性能的影响[J]. 中国新技术产品, 2013, (12): 82.

[85] 纪芳华. 载重汽车行车制动器制动性能的研究[D]. 合肥工业大学, 2009.

[86] 杨军, 张伟光, 陈先华. 减速度非线性变化对制动距离影响分析[J]. 东南大学学报, 2011, 41(4): 848-853.

[87] 苏永生, 王永生, 颜飞, 等. 离心泵空化故障识别的时域特征分析方法研究[J]. 水泵技术, 2010, (4): 1-4.

[88] 彭恩高. 船舶水润滑橡胶尾轴承摩擦振动研究[D]. 武汉理工大学, 2013.

[89] 王大鹏. 盘式制动器制动噪声分析与研究[D]. 河北科技大学, 2012.

[90] 黄朝明. 柴油机缸套-活塞环摩擦磨损特性及其突变行为研究[D]. 中国矿业大学, 2009.

第2章 制动系参数选择及制动器的设计计算

2.1 制动系主要参数及其选择

制动系多采用一个旋转摩擦副进行摩擦,提供与汽车行驶方向相反的阻力以达到汽车减速或停车的目的。但是在山区行驶的汽车由于经常需要下长坡,为保证车速稳定需经常制动,若采用摩擦式制动器很容易产生制动器过热的情况,因此在山区行驶的汽车一般采用辅助制动机构,这种辅助机构使用气流或者电磁提供制动阻力达到辅助制动的作用[1-4]。图2.1所示为制动系的主要结构形式。

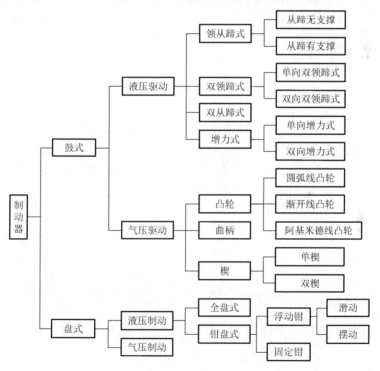

图 2.1 制动器结构形式

汽车制动器具有很多种结构形式,根据驱动形式可分为气压驱动、机械驱动、液压驱动、气压液压综合驱动四种驱动形式;根据摩擦副的形状可分为盘式和鼓式制动器两种类型。盘式制动器和鼓式制动器各有优缺点,目前国内的高中端轿车多采用全盘式制动器,本文以气压盘式制动器为例介绍盘式制动器的结构设计计算过程，原始参数参考客车 6122 车型，其主要参数如表 2.1 所示。

根据表 2.1 中的参数，参照 ECE 法规(欧洲经济委员会制订)和 EEC 法规(欧洲经济共同体)的规定[5,6]，初步选取初始速度 $V = 60\text{km/h}$、踏板力为 700N、制动强度 $j = 6.0\text{m/s}^2$，地面附着系数 $\varphi = 0.612$。

表 2.1　客车整车主要参数

项目	空载	满载
整车质量 /kg	13500	18000
前轴质量 /kg	4455	6450
后轴质量 /kg	9045	11550
质心与前轴距离 /m	4.02	3.85
质心与后轴距离 /m	1.98	2.15
质心高度 /m	1.626	1.76
轴距 /m	6	
最高车速/ (km/h)	120	
车轮工作半径 /mm	505	
轮辋尺寸 /in	24.5	

2.1.1　制动力与制动力分配系数

汽车需要减速时，驾驶员通过脚刹施加踏板力 F_P，踏板力 F_P 与踏板行程成正比关系，增力机构将踏板力进一步放大最终施加到制动器上，制动器工作形成制动力 F_f，随着踏板行程的增加，踏板力 F_P、制动力 F_f、路面阻力 F_B 均增大。图 2.2 所示为制动时汽车力的关系图。

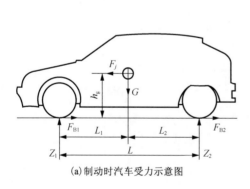
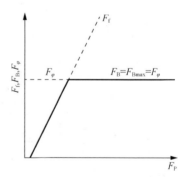

(a)制动时汽车受力示意图　　　　(b)制动力、路面阻力与踏板力的关系

图 2.2　制动时汽车力的关系图

当制动力 F_f 和路面阻力 F_B 达到理想状态附着力 F_φ 时，车轮抱死并沿汽车运行方向的反方向与路面形成滑动摩擦，所以当达到上述情况时路面阻力 F_B 的值就不再增加，而制动力 F_f 可以随着踏板力 F_P 的增大而增大。

汽车减速时，前轮和后轮的实际受力状况、前轮和后轮制动力的大小、路面的实际附着系数以及路面陡峭程度等，制动时可能出现以下三种情况[7]：

(1)汽车前轮先抱死拖滑，然后后轮再抱死拖滑；

(2)汽车后轮先抱死拖滑，然后前轮再抱死拖滑；

(3)汽车前、后轮同时抱死拖滑。

显然第三种情况时附着条件利用最充分，由式(2.1)可求得在任意路面上行驶时出现上述第三种情况的条件为

$$\begin{cases} F_{f1} + F_{f2} = F_{B1} + F_{B2} = \varphi G \\ F_{f1}/F_{f2} = F_{B1}/F_{B2} = (L_2 + \varphi h_g)/(L_1 - \varphi h_g) \end{cases} \quad (2.1)$$

式中，F_{f1} 为前制动器制动力，N；F_{f2} 为后制动器制动力，N；F_{B1} 为前轴车轮的路面阻力，N；F_{B2} 为后轴车轮的路面阻力，N；L_1 为质心与前轴的距离，m；L_2 为质心与后轴的距离，m；G 为汽车质量，kg；h_g 为质心高度，m。

由式(2.1)变换可得式(2.2)为

$$F_{f2} = \frac{1}{2}\left[\frac{G}{h_g}\sqrt{L_2^2 + \frac{4h_g L}{G} F_{f1}} - \left(\frac{GL_2}{h_g} + 2F_{f1} \right) \right] \quad (2.2)$$

将式(2.2)绘制成前轴和后轴制动力实际比值曲线，简称 I 曲线，以 F_{f1} 为横坐标、F_{f2} 为纵坐标，图 2.3 所示为汽车制动器制动力的 I 曲线和 β 曲线。

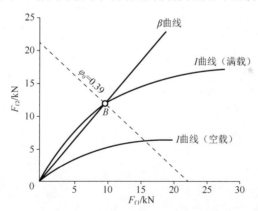

图 2.3　制动器制动力的 I 曲线和 β 曲线

若汽车在满载和空载制动时前后轮制动阻力能按照 I 曲线进行配置，则在汽车制动时可达到最理想的制动状态。汽车制动力配置比例 β 通常用汽车前轮的制动阻力 F_{f1} 与总体行驶阻力 F_f 的比值来表达。

前后轮制动阻力配置比例为恒定值的车辆很难充分利用地面的制动阻力，故为了更好地利用道路的附着力，使前后轮制动力同时到达抱死状态临界点，目前生产

的车辆都装有各种比例阀来控制其制动阻力的分配比例。目前使用较多的有差压比例阀、感载比例阀、加速度比例阀等。如图 2.4 所示为经过各种比例阀调节后的制动阻力实际配置曲线与理想配置曲线 I 曲线的对比图。

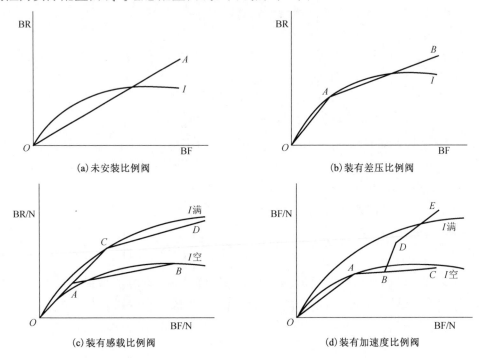

(a)未安装比例阀　　　　　　　　　　　　(b)装有差压比例阀

(c)装有感载比例阀　　　　　　　　　　　　(d)装有加速度比例阀

图 2.4　制动力实际分配曲线与理想分配曲线 I 曲线的对比图

根据图 2.4 可以得出结论：安装有比例阀的汽车在制动时可以更合理地分配汽车前后轮的制动器制动力以接近理想的分配力曲线，从而达到更好的制动效果。

2.1.2　同步附着系数及最大制动力矩

1. 同步附着系数

β 曲线与 I 曲线的交点处的附着系数即为同步附着系数 φ_0，同步附着系数的选取满足式(2.3)，即

$$\varphi_0 = (\varphi - \beta_r)/\chi \tag{2.3}$$

式中，φ_0 为同步附着系数；φ 为附着系数；β_r 为后轴制动力分配系数；χ 为质心高度与轴距之间的比值。

当汽车的前后轮制动阻力比值恒定且行驶在道路实际附着系数 φ 与同步附着系数 φ_0 相同时，汽车减速时会达到最理想制动状态，当汽车在实际附着系数 φ 与同步

附着系数 φ_0 不同的道路上行驶时会发生以下三种状况[8,9]：

(1) $\varphi < \varphi_0$，β 曲线位于 I 曲线下方，前轮先拖滑，制动平稳但无法转向；

(2) $\varphi > \varphi_0$，β 曲线的纵坐标大于 I 曲线，后轮先拖滑，制动不稳定且侧滑；

(3) $\varphi = \varphi_0$，制动时前后轮同时拖滑，制动不稳定且无法转向。

为防止汽车在制动时出现前后轮同时抱死丧失转向能力以致酿成车祸，现在的汽车都会安装 ABS(Anti-lock Braking System)防抱死系统。在汽车进行制动时，制动力随着踏板行程的增大而增大，当汽车车轮即将抱死拖滑时，制动器上的传感器会发出信号，ABS 系统处理器根据信号控制制动力，减小摩擦阻力，将汽车制动力始终保持在即将抱死又未抱死的状态以提供最大的制动力同时保持制动的稳定和安全。正常制动时 ABS 系统处于未激活状态，只有在制动踏板踩到底时才会激活 ABS 系统，所以不会影响汽车的制动效果。

随着现代道路条件的进步，车速有了大幅提升，在车辆减速过程中出现抱死拖滑而失去转向功能的后果不堪设想，故为了提高汽车的性能同时确保安全性，国内外汽车的同步附着系数均有所增大，参考相关文献可知，在汽车满载时，同步附着系数具有一定的规范：轿车取 $\varphi_0 \geqslant 0.6$，货车取 $\varphi_0 \geqslant 0.5$ 为宜。

附着系数计算式为

$$\varphi = G_r / G_{总} \tag{2.4}$$

式中，G_r 为后轴载荷，kg；$G_{总}$ 为汽车总载荷，kg。且有

$$\chi = h_g / L \tag{2.5}$$

式中，h_g 为汽车质心高度，m；L 为汽车前后轴距，m。

后轴制动力分配系数计算式为

$$\beta_r = F_{f2} / F_f \tag{2.6}$$

$$F_{f1} + F_{f2} = \varphi \cdot (Z_1 + Z_2) \tag{2.7}$$

式中，F_{f1} 为前制动器制动力，N；F_{f2} 为后制动器制动力，N；F_f 为汽车总制动力，N。且前后制动器的制动力可通过式(2.8)～式(2.11)求得

$$F_{f1} = \varphi Z_1 \tag{2.8}$$

$$F_{f2} = \varphi Z_2 \tag{2.9}$$

$$Z_1 = G(L_2 + \varphi h_g) / L_1 \tag{2.10}$$

$$Z_2 = G(L_1 - \varphi h_g) / L_2 \tag{2.11}$$

式中，Z_1 为作用于前轴车轮上的地面法向反力，N；Z_2 为作用于后轴车轮上的地面法向反力，N；L_1 为质心与前轴的距离，m；L_2 为质心与后轴的距离，m。

根据上述公式，在满载情况下，代入数据 $h_g = 1.760\text{m}$，$L = 6\text{m}$，$G_{总} = 180000\text{N}$，$L_1 = 3.850\text{m}$，$L_2 = 2.150\text{m}$，计算得

$\varphi = 0.642$，　$\chi = 0.293$

$F_{f1} = 0.642 \times 180000 \times \left(2.15 + 0.642 \times 1.76\right) / 6 = 63171.2592(\text{N})$

$F_{f2} = 0.642 \times 180000 / 63171.2592 = 52388.7408(\text{N})$

$\beta_r = 52388.7408 / (52388.7408 + 63171.2592) = 0.453$

$\varphi_0 = (0.642 - 0.453) / 0.293 = 0.645$

根据上述公式，在空载情况下，代入数据 $h_g = 1.626\text{m}$，$L = 6\text{m}$，$G_{总} = 135000\text{N}$，$G_r = 90450\text{N}$，$L_1 = 4.02\text{m}$，$L_2 = 1.98\text{m}$，计算得 $\varphi = 0.67$，$\chi = 0.27$

$F_{f1} = 0.67 \times 135000 \times \left(1.98 + 0.67 \times 1.626\right) / 6 = 46271.5\left(\text{N}\right)$

$F_{f2} = 0.67 \times 135000 / 46271.5 = 44178.5\left(\text{N}\right)$

$\beta_r = 44178.5 / (44178.5 + 46271.5) = 0.488$

$\varphi_0 = (0.67 - 0.488) / 0.27 = 0.67$

2. 制动器制动力矩的计算

当汽车获得最大制动力时，制动器的制动力矩最大，汽车获得良好的制动性能和制动稳定性，制动力与地面支撑力成正比关系，只有在汽车重力被充分利用的情况下才会获得最大制动力矩，根据汽车设计理论可得后轴最大制动力矩为

$$M_{f2max} = \frac{G}{L}\left(L_1 - qh_g\right)\varphi r_\varepsilon \tag{2.12}$$

式中，G 为汽车质量，kg；L_1 为汽车质心与前轴距离，m；q 为汽车制动强度；r_ε 为车轮有效半径，mm。

且有满载时

$$q = \frac{L_2\varphi}{L_2 + (\varphi_0 - \varphi)h_g} \tag{2.13}$$

空载时

$$q = \frac{L_2\varphi}{L_2 + (\varphi - \varphi_0)h_g} \tag{2.14}$$

式中，L_2 为汽车质心与后轴距离，m。

前轴制动力矩为

$$M_{f1max} = \frac{\beta}{1-\beta}M_{f2max} \tag{2.15}$$

式中，β 为制动力分配系数，且有

$$\beta = F_{f1} / F_f \tag{2.16}$$

根据上述公式，代入相关数据，可得

在满载时：$\beta = 0.547$ 。

$$q = \frac{L_2\varphi}{L_2 + (\varphi_0 - \varphi) \times h_g} = 0.640$$

$$M_{f2max} = \frac{180000}{6}(3.85 - 0.64 \times 1.76) \times 0.642 \times 505 = 26491(\text{N} \cdot \text{m})$$

后轮的制动力矩为 $26491 / 2 = 13245.5(\text{N} \cdot \text{m})$

$$M_{f1max} = \frac{0.547}{1 - 0.547} \times 26491 = 31988(\text{N} \cdot \text{m})$$

前轮的制动力矩为 $31988 / 2 = 15994(\text{N} \cdot \text{m})$ 。

在空载时：$\beta = 0.512$ 。

$$q = \frac{L_2\varphi}{L_2 + (\varphi - \varphi_0) \times h_g} = 0.669$$

$$M_{f2max} = \frac{135000}{6}(4.02 - 0.6705 \times 1.76) \times 0.669 \times 505 = 21640(\text{N} \cdot \text{m})$$

$$M_{f1max} = \frac{0.512}{1 - 0.512} \times 21640 = 22704(\text{N} \cdot \text{m})$$

2.1.3 盘式制动器主要参数的确定

1. 制动盘

制动盘在工作时受到来自制动衬片的法向力和切向力，而且承受着热负荷，因此会出现制动过热的现象，通常制动盘多铸成中间有径向通风槽的双层盘以增加散热效果，但是通风盘的整体厚度较厚（20～22.5mm），不带通风槽的制动盘厚度较薄（10～13mm），制动盘的材料多选用珠光体灰铸铁 HT250。

1）制动盘直径 D

制动盘直径 D 希望尽量大些，这时制动盘的有效半径得以增大，就可以降低制动钳的夹紧力，降低摩擦衬块的单位压力和工作温度。但制动盘直径 D 受轮辋直径的限制，通常制动盘的直径 D 选择为轮辋直径的 70%～79%。在本设计中，轮辋直径为 24.5 英寸，又因为 $M = 18000\text{kg}$，故针对本型汽车，制动盘直径为 $D = 75\% \times D_r = 0.75 \times 24.5 \times 25.4 = 466.7\text{mm}$，取整为 470mm。

2）制动盘厚度 h

通常，实心制动盘厚度为 10～20mm，具有通风孔道的制动盘厚度取为 20～50mm。

在本设计中选用具有通风孔道的制动盘，h 取 45mm。

3) 摩擦衬块外半径 R_2 与内半径 R_1

摩擦衬块外半径 R_2 一般为制动盘直径 D 的一半。针对本车型的相关参数，取外半径为 R_2=235mm， R_2/R_1=1.6，则内半径约为 R_1=146.9mm。综合考虑， R_1 取140mm。

4) 气室推杆直径

气室推杆直径初选为 16mm。

5) 摩擦衬块工作面积 A

摩擦衬块单位面积占有的车辆质量在 $1.6\sim3.5 kg/cm^2$ 范围内选取。

在本设计中取衬块的夹角 θ 为 60°。摩擦衬块的工作面积 A 为

$$A = \pi\left(R_2^2 - R_1^2\right) \times \frac{60}{360} \times 2 = 37306\left(mm^2\right)$$

2. 制动钳

制动钳可以安装在车轴的前方或者后方，当制动钳安装于车轴前时，可避免轮胎甩出来的泥水进入制动钳防止制动钳生锈腐蚀，当制动钳安装于车轴后时，可减小制动时轮毂轴承的合成载荷，制动钳体应有高的强度和刚度，制动钳的材料选 QT550。

3. 制动块

制动块由背板和摩擦衬块构成，两者直接牢固地压嵌或铆接或黏结在一起。活塞应能压住尽量多的制动块面积，以免衬块发生卷角而引起尖叫声。制动块背板由钢板制成。许多盘式制动器装有衬块磨损达极限时的警报装置，以便及时更换摩擦衬片。初选摩擦片厚度为 20mm。

4. 摩擦材料

制动摩擦材料应具有高而稳定的摩擦系数，抗热衰退性能好，不能在温度升到某一数值后摩擦系数突然急剧下降；材料的耐磨性好，吸水率低，有较高的耐挤压和耐冲击性能；制动时不产生噪声和不良气味，应尽量采用少污染和对人体无害的摩擦材料。本次选取以是棉纤维为主并与树脂黏结剂，调整摩擦性能的填充物（由无机粉末及橡胶，聚合树脂等配成为石磨）等混合而成。

各种摩擦材料摩擦系数的稳定值为 $0.3\sim0.5$，少数可达 0.7。设计计算制动器时一般取 $0.3\sim0.35$。选用摩擦材料时应注意，一般说来，摩擦系数越高的材料其耐磨性越差。初选时摩擦系数选择为 $f=0.4$。

5. 制动器间隙

制动盘与摩擦衬片(摩擦衬块)之间在未制动的状态下应有工作作间隙，以保证制动鼓(制动盘)能自由转动。一般，鼓式制动器的设定间隙为 0.2~0.5mm；盘式制动器的为 0.1~0.3mm。此间隙的存在会导致踏板或手柄的行程损失，因而间隙量应尽量小。考虑到在制动过程中摩擦副可能产生机械变形和热变形，因此制动器在冷却状态下应有的间隙应通过试验来确定。另外，制动器在工作过程中会因为摩擦衬片(衬块)的磨损而加大，因此制动器设有间隙自动调整机构。在本设计中：盘式制动器取间隙为 0.4~0.6mm。

2.2　制动器的设计计算

2.2.1　盘式制动器总制动力矩计算

1. 扇形制动力矩有效半径 R_e 的计算

在任一单元面积 $RdRd\varphi$ 上摩擦力对制动盘中心的力矩为 $fqR^2dRd\varphi$ ，其中 q 是制动块与制动盘之间的单位面积上的压力，则单侧制动块作用于制动盘上的制动力矩为

$$\frac{T_f}{2} = \int_{-\theta}^{\theta} \int_{R_2}^{R_1} fqR^2 dRd\varphi = \frac{2}{3} fq(R_2^3 - R_1^3)\theta \tag{2.17}$$

单侧制动块对制动盘的总摩擦力为

$$fN = \int_{-\theta}^{\theta} \int_{R}^{R_2} fqRdRd\varphi = fq(R_2^2 - R_1^2)\theta \tag{2.18}$$

有效半径为

$$R_e = \frac{4}{3}\left[1 - \frac{R_1 R_2}{(R_1 + R_2)^2}\right]\left(\frac{R_1 + R_2}{2}\right) \tag{2.19}$$

式中，R_1、R_2 为扇形摩擦制动块的内半径和外半径，mm。

由数据知 R_1=140mm ，R_2=235mm 。则

$$R_e = \frac{4}{3}\left[1 - \frac{140 \times 235}{(140 + 235)^2}\right]\left(\frac{140 + 235}{2}\right) = 191.51(mm)$$

扇形摩擦衬片转动力矩计算简图如图 2.5 所示。

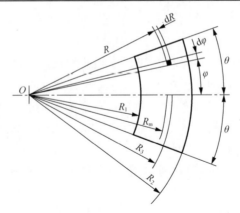

图 2.5　扇形摩擦衬片转动力矩计算简图

2. 盘式制动器总的制动转矩

假设摩擦制动块的摩擦表面与制动盘接触良好，且各处的单位压力分布均匀，则制动器的制动力矩为

$$M_f = 2F_0 i\mu\eta R_e \tag{2.20}$$

式中，F_0 为气室推力，N；i 为压力臂增力比；R_e 是制动块有效半径，为191.51mm；μ 是摩擦系数，为 0.4；η 为机械传递效率，取 0.95。

$$M_f = 2\times11000\times17.5\times0.4\times0.95\times0.19151 = 28018(\text{N}\cdot\text{m})$$

2.2.2　制动器效能因数及磨损特性计算

1. 制动器效能因数的计算

制动器效能因数用于表示制动器的效能，实质是制动器在单位输入压力或力的作用下所能输出的力或力矩，用于比较不同结构形式的制动器的效能。其表达式为 $K = 2f = 2\times0.4 = 0.8$。

2. 磨损特性的计算

制动器设计除了要满足制动力矩外，还需对制动器进行耐压、耐磨损和温升等验算。

1）比能量耗散率

比能量耗散率又称为单位功负荷或能量负荷，它表示衬片（衬块）单位摩擦面积在单位时间内耗散的能量，其单位为 W/mm^2。

双轴汽车的单个前轮及后轮的比能量耗散率分别表示为

$$e_1 = \frac{\delta m_a(v_1^2 - v_2^2)}{4tA_1}\beta \tag{2.21}$$

$$e_2 = \frac{\delta m_a (v_1^2 - v_2^2)}{4tA_2}(1 - \beta) \tag{2.22}$$

$$t = \frac{v_1 - v_2}{j} \tag{2.23}$$

式中，m_a 为汽车总质量，t；δ 为汽车回转质量转换系数；v_1、v_2 为制动初速度和终速度，m/s，这里取 v_1=65km/h =18m/s；A_1、A_2 为前、后制动器衬片（衬块）的摩擦面积，mm^2；β 为制动力分配系数；j 为制动减速度，m/s^2，计算时一般取 $j = 0.68 m/s^2$；t 为制动时间，s。

　　且有

$$j = 1.8 M_{总} / (r_\varepsilon \cdot m) \tag{2.24}$$

式中，$M_{总}$ 为汽车前、后轮制动力矩的总和，$N \cdot m$；r_ε 为车轮有效半径，m；m 为汽车总重，kg，满载时

$$m = 18000 \text{ (kg)}$$
$$\beta = 0.547$$
$$M_{总} = M_{f1} + M_{f2} = 31988 + 26491 = 58479 (N \cdot m)$$
$$r_\varepsilon = 0.505 \text{ (m)}$$

代入数据得 $j = 11.5 m/s^2$。

　　紧急制动至停车时，$v_2 = 0 m/s$，并取 δ=1。则有

$$t = \frac{v_1 - v_2}{j} = \frac{v_1}{11.5} = \frac{18}{11.5} = 1.57 (s)$$

$$e_1 = \frac{m_a v_1^2}{4tA_1}\beta = \frac{18000 \times 18^2}{4 \times 1.57 \times 55011 \times 2} \times 0.547 = 4.62 (W/mm^2)$$

$$e_2 = \frac{m_a v_1^2}{4tA_2}(1 - \beta) = \frac{18000 \times 18^2}{4 \times 1.57 \times 55011 \times 2} \times (1 - 0.547) = 3.82 (W/mm^2)$$

空载时，代入数据得 $j = 11.7 m/s^2$。

$$t = \frac{v_1 - v_2}{j} = \frac{v_1}{11.7} = \frac{18}{11.7} = 1.54 (s)$$

$$e_1 = \frac{m_a v_1^2}{4tA_1}\beta = \frac{13500 \times 18^2}{4 \times 1.54 \times 55011 \times 2} \times 0.512 = 3.3 (W/mm^2)$$

$$e_2 = \frac{m_a v_1^2}{4tA_2}(1 - \beta) = \frac{13500 \times 18^2}{4 \times 1.54 \times 55011 \times 2} \times (1 - 0.512) = 3.15 (W/mm^2)$$

　　比能量耗散率过高会引起衬片的急剧磨损，还可能引起制动鼓或制动盘产生龟裂。轿车的盘式制动器的比能量耗散率以不大于 $6.0 W/mm^2$ 为宜。

2) 比摩擦力

衬片(衬块)单位摩擦面积的制动摩擦力为比摩擦力 f_0，单个车轮制动器的比摩擦力为

$$f_0 = \frac{M_f}{RA} \tag{2.25}$$

式中，M_f 为单个制动器的制动力矩，$N \cdot m$；R 为制动盘有效半径，为191.51mm；A 为单个制动器的衬片摩擦面积，为37306mm²。

满载时：

$$f_0 = \frac{15994000}{191.51 \times 37306} = 2.24(\text{N} \cdot \text{mm}^2)$$

空载时：

$$f_0 = \frac{11352000}{191.51 \times 37306} = 1.59(\text{N} \cdot \text{mm}^2)$$

2.2.3 热容量和温升计算

制动器的热容量和温升应满足如下条件：

$$(m_d c_d + m_h c_h)\Delta t \geqslant L \tag{2.26}$$

式中，m_d 为制动盘的总质量，取 m_d=35kg；m_h 为与制动盘相连的受热金属件(如轮毂、轮辐、轮辋、制动钳体等)的总质量，取 m_h=66kg；c_d 为制动盘材料的比热容，对铸铁 $c_d = 482\text{J}/(\text{kg} \cdot \text{K})$，对铝合金 $c_d = 880\text{J}/(\text{kg} \cdot \text{K})$；$c_h$ 为与制动盘相连的受热金属件的比热容，$c_h = 482\text{J}/(\text{kg} \cdot \text{K})$；$\Delta t$ 为制动盘的温升(这里选 Δt=35℃)；L 为满载汽车制动时由动能转变的热能，J；将上述数据代入式(2.24)可得

$$(m_d c_d + m_h c_h)\Delta t = (482 \times 35 + 482 \times 65) \times 35 = 1687000(\text{J})$$

因制动过程迅速，可以认为制动生成的热能全部为前、后制动器所吸收，并按前、后轴制动力的分配比率分配给前、后制动器，即

$$L_1 = m_a \frac{v_a^2}{2} \beta \tag{2.27}$$

$$L_2 = m_a \frac{v_a^2}{2}(1 - \beta) \tag{2.28}$$

式中，m_a 为满载汽车总质量，m_a=18000kg；v_a 为汽车制动时的初速度，可取 v_a=18m/s；β 为汽车制动器制动力分配系数，β=0.547；将已知参数代入上式可得

$$L_1 = m_a \frac{v_a^2}{2} \beta = \frac{18000 \times (18)^2 \times 0.547}{2} = 1595052(\text{J})$$

$$L_2 = m_a \frac{v_a^2}{2}(1 - \beta) = \frac{18000 \times (18)^2 \times 0.453}{2} = 1320948(\text{J})$$

2.2.4　制动性能的校核

对制动系统的要求：足够的制动能力，包括行车制动和驻车制动；行车制动至少有两套独立的驱动器的管路；用任意制动速度制动，汽车都不应丧失操纵稳定性和方向稳定性；防止水和污泥进入制动器工作表面；要求制动能力的热稳定性好；操纵轻便[10]。

1. 制动时汽车的方向稳定性的要求

制动时汽车的方向稳定性，常用制动时汽车给定路径行驶的能力来评价。若制动时发生跑偏、侧滑或失去转向能力，则汽车将偏离原来的路径。

制动过程中汽车维持直线行驶，或按预定弯道行驶的能力称为方向稳定性。影响方向稳定性包括制动跑偏、后轴侧滑或前轮失去转向能力三种情况。制动时发生跑偏、侧滑或失去转向能力时，汽车将偏离给定的行驶路径。因此，常用制动时汽车按给定路径行驶的能力来评价汽车制动时的方向稳定性，制动距离和制动减速度是检验方向稳定性的两个重要指标，在对其进行测试时要求对试验通道的宽度进行限制。方向稳定性是从制动跑偏、侧滑以及失去转向能力等方面考虑[11]。

制动跑偏的原因有两个：

(1)汽车左右车轮，特别是转向轴左右车轮制动器制动力不相等；

(2)制动时悬架导向杆系与转向系拉杆在运动学上不协调(互相干涉)。

前者是由于制动调整误差造成的，是非系统的；而后者是属于系统性误差。

侧滑是指汽车制动时某一轴的车轮或两轴的车轮发生横向滑动的现象。最危险的情况是在高速制动时后轴发生侧滑。防止后轴发生侧滑应使前后轴同时抱死或前轴先抱死后轴始终不抱死。

2. 制动距离 S 的要求

在匀减速度制动时，制动距离 S 可表达为

$$S = (t_1 + t_2)v / 3.6 + v^2 / 25.92 j \tag{2.29}$$

式中，t_1 为消除制动盘与衬块间隙时间，s；t_2 为制动力增长过程所需时间，s，且有 $t_1 + t_2 = 0.5\text{s}$。初速度 $v = 50\text{km/h}$。将所需参数代入式(2.29)可得

满载时：

$$S = 0.5 \times 50 / 3.6 + 50^2 / (25.92 \times 11.5) = 15.33(\text{m})$$

根据 GB 7258—2012 的标准，客车满载时安全制动距离 $S_T \leqslant 20\text{m}$，可得出 $S \leqslant S_T$，所以符合要求。

空载时：

$$S = 0.5 \times 50 / 3.6 + 50^2 / (25.92 \times 11.7) = 15.19 \text{(m)}$$

根据 GB 7258—2012 的标准，客车空载时安全制动距离 $S_\text{T} \leqslant 19\text{m}$，可得出 $S \leqslant S_\text{T}$，所以符合要求。

3. 行车制动至少有两套独立的驱动器的管路

当其中一套失效时，另一套应保证汽车制动能力不低于没有失效时规定值的 30%，另外，汽车装有行车和驻车制动装置。本设计采用交叉型，双回路制动系统。它结构简单，当行车制动时任一回路失效时，剩余的总制动力都能保证正常值的 50%，一旦某一管路损坏成制动力不对称，此时前轮将朝制动力大的一边绕主销转动，使汽车丧失稳定性。因此，这种方案适用于主销偏移距为负值（达 20mm）的汽车上，这时不平衡的制动力使车轮反向转动，改善了汽车的稳定性。

4. 其他

作用滞后性包括产生制动和解除制动的滞后时间，应尽可能短。一旦牵引车或客车之间的连接制动管路损坏，牵引车应有压缩空气进一步漏失的装置。在行使过程中，若牵引机构脱开，列车之间的制动管路应立即断气，而且挂车应能自动停驻。

为提高汽车列车的制动稳定性，除保证列车各轴有正确的制动力分配线，还应注意，挂车之间各轴制动起作用的时间，尤其是挂车之间制动开始时间的滞后的问题。当制动驱动装置的任何元件发生故障并使其基本功能遭到破坏时，汽车制动系应装有音响或光信等报警装置。

2.3　制动器主要零部件的结构设计及强度计算

2.3.1　杠杆的计算

杠杆结构、尺寸如图 2.6 所示。

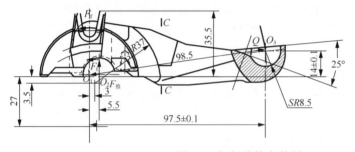

图 2.6　杠杆结构参数图

1) 压力臂的力臂

因为推力 Q 始终垂直于作用线 O_1O_3，所以 $L = 98.5\text{mm}$。

2) 压力臂的传动比

根据受力分析，杠杆的传动比可用式 (2.30) 表示：

$$i = \frac{L}{e\sin\gamma + f(R + r + e\cos\gamma)} \tag{2.30}$$

式中，L 为压力臂臂长，mm；e 为偏心距，取 5.6mm；R 取 27.5mm；r 取 9mm；f 为滚动轴承摩擦系数，取 0.002；γ 为 O_1O_2 与垂直方向夹角。将所需参数代入式 (2.30) 可得 $i = 17.6375$。

在 0.8MPa 下气缸推杆的推力 $Q = 11000\text{N}$，传动比为 17.6375，则杠杆的释放的推力为 $F = Q \cdot i = 194012.5\text{N}$。

3) 强度计算

$C—C$ 截面所受弯矩为

$$M = F \times 5.5 - Q\cos\alpha \times 56 = 457322.6(\text{N} \cdot \text{mm})$$

截面抗弯模量为

$$W = \frac{b \times h^2}{6} = 1666.7(\text{mm}^3)$$

弯曲应力为

$$\sigma_b = \frac{M}{W} = 274(\text{MPa})$$

杠杆材料为合金钢 20CrMnTi，$[\sigma_b] = 320\text{MPa}$，所以杠杆设计符合使用要求。

2.3.2　支架的计算

支架在正常工作状态下的受力情况如图 2.7 所示。

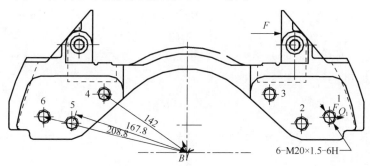

图 2.7　支架受力分析图

制动盘与摩擦衬片之间的摩擦力 F 通过制动块传递到支架上，可由下式计算得

$$F_\mu = F_{推} \times \mu_1 = 182875 \times 0.4 = 73150(\text{N})$$

$$F_f = F_推 \times \mu_2 = 182875 \times 0.1 = 18287.5(\text{N})$$

$$F = F_\mu - \mu_f = 73150 - 18287.5 = 54862.5(\text{N})$$

2.3.3　支架连接螺栓的计算

支架的连接螺栓有 6 个，如图 2.7 所示。对螺栓受力进行分析：

横向力 $Q = 54862.5(\text{N})$，扭矩 $T = 8723137.5(\text{N}\cdot\text{mm})$。

每个螺栓受到的横向剪力 $F_{Q1} = Q/6 = 13715.625(\text{N})$。

扭矩分到每个螺栓上产生的横向剪力可以通过式 (2.31) 计算

$$\begin{cases} T = F_{T1} \times 208.8 + F_{T2} \times 167.8 + F_{T3} \times 142 + F_{T4} \times 142 + F_{T5} \times 167.8 + F_{T6} \times 208.8 \\ \dfrac{F_{T1}}{208.8} = \dfrac{F_{T2}}{167.8} = \dfrac{F_{T3}}{142} = \dfrac{F_{T4}}{142} = \dfrac{F_{T5}}{167.8} = \dfrac{F_{T6}}{208.8} \end{cases} \tag{2.31}$$

通过上式计算可得

$$\begin{cases} F_{T1} = F_{T6} = 9907.7\text{N} \\ F_{T2} = F_{T5} = 7962.2\text{N} \\ F_{T3} = F_{T4} = 6738\text{N} \end{cases}$$

1 号和 6 号螺栓总的横向力：

$$F_1 = \sqrt{F_{Q1}^2 + F_{T1}^2 - 2F_{Q1}F_{T1}\cos 103.6°} = 18713.3(\text{N})$$

2 号和 5 号螺栓总的横向力：

$$F_2 = \sqrt{F_{Q2}^2 + F_{T2}^2 - 2F_{Q2}F_{T2}\cos 103.8°} = 17424.5(\text{N})$$

3 号和 4 号螺栓总的横向力：

$$F_3 = \sqrt{F_{Q3}^2 + F_{T3}^2 - 2F_{Q3}F_{T3}\cos 124.3°} = 18376(\text{N})$$

1、6 螺栓受力最大，故校核 1、6 螺栓强度，若 1、6 螺栓满足强度要求，则所有支架连接螺栓满足使用要求，螺栓强度应满足式 (2.32)

$$\mu F'm \geqslant k_s F_1 \tag{2.32}$$

铸铁 $\mu = 0.15 \sim 0.3$，取 $\mu = 0.3$；可靠性系数 $k_s = 1.2$，结合面数 $m = 1$；变换公式并代入相关数据可得

$$F' \geqslant \frac{k_s F_1}{\mu} = 74853.2(\text{N})$$

假设螺栓取 8.8 级，$\sigma_s = 640\text{MPa}$，安全系数 $S = 3$，则 $[\sigma] = 213.3\text{MPa}$，通过下列公式可得螺栓直径为

$$d_1 \geqslant \sqrt{\frac{4 \times 1.3F'}{\pi[\sigma]}} = 24(\text{mm})$$

如安装时控制预紧力，安全系数 $S = 1.5$，则 $[\sigma] = 427\text{MPa}$，可得螺栓直径为

$$d_1 \geqslant \sqrt{\frac{4 \times 1.3 F'}{\pi [\sigma]}} = 17 \text{(mm)}$$

假设螺栓取 10.9 级，$\sigma_s = 900 \text{MPa}$，安全系数 $S = 3$，则 $[\sigma] = 300 \text{MPa}$，可得螺栓直径为

$$d_1 \geqslant \sqrt{\frac{4 \times 1.3 F'}{\pi [\sigma]}} = 20.3 \text{(mm)}$$

假设螺栓取 12.9 级，$\sigma_s = 1080 \text{MPa}$，安全系数 $S = 3$，则 $[\sigma] = 360 \text{MPa}$，可得螺栓直径为

$$d_1 \geqslant \sqrt{\frac{4 \times 1.3 F'}{\pi [\sigma]}} = 18.56 \text{(mm)}$$

综上比较可得，选用 M20×1.5 的 12.9 级螺栓。

2.3.4　导销的计算

间隙调节机构的示意图如图 2.8 所示。

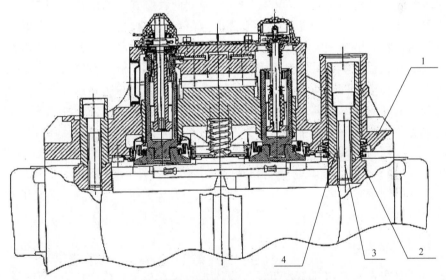

1.制动钳体；2.制动支架；3.导销；4.导套

图 2.8　间隙调节机构示意图

导销受力如下。

横向力：

$$F = 54862.5 / 2 = 27431.25 \text{(N)}$$

考虑到受力的不均匀性，2 个销当成 1.5 个计算，止口尺寸为 $\phi 25^{+0.033}_{0}$ 深 4.5。

承受剪力：

$$\tau = \frac{4F}{\pi d_0^2 \times 1.5} = 37.3(\text{MPa}) \leqslant [\tau]$$

挤压压力：

$$\sigma_p = \frac{F}{d_0 l \times 1.5} = 162.5(\text{MPa})$$

铸铁：

$$[\sigma_p] = \frac{\sigma_B}{S} = \frac{500}{2.5} = 200(\text{MPa})$$

通过比较可得

$$\tau \leqslant [\tau], \quad \sigma_p \leqslant [\sigma_p]$$

所以得出导销的设计满足使用要求。

2.4　制动驱动机构结构形式的选择与设计计算

制动系统动力机构可以分为液压和气压驱动两种方式，这两种动力方式各有优劣，液压驱动的制动器结构简单，效率高，但是在高温作用下液压油会气化阻塞液压传输管路，容易出现故障且维修保养复杂。以气体作为动力源的制动系统结构较复杂，但是其装置简单、操作方便、工作可靠。本型制动器选择气压驱动装置。

气压动力机构，以发动机的空压机为能量源，通过空压机将压缩气体在储气筒内，通过踏板释放高压气体，高压由储气罐进入气室，高压气体带动气室内的活塞运动，活塞推动推杆带动制动器工作实现制动的目的[12]。进入气室的压缩气体的压力由踏板进行控制。一般气压制动驱动机构中，由调压器调定的储气筒压力为 0.67～0.73N/mm²，而安全阀限定的储气筒最高压力则为 0.9N/mm² 左右。为了在空气压缩机停止工作后一段时间内，保证各个气动装置的正常工作，各个气动装置的工作气压应低于储气筒压力。在计算时可取工作压力 0.8N/mm²。

2.4.1　制动气室设计

制动气室有膜片式和活塞式两种。膜片式的优点在于结构简单，对室壁的加工要求不高，但所允许的行程较小，膜片寿命也较短。活塞式的优点是不需要经常调整，推力不变，行程大。目前，活塞式有取代膜片式的趋势。

制动气室输出的推杆推力 Q 应保证制动器活塞推杆的推力 F。推力 F 与制动气室输出的推力 Q 之间的关系可由式(2.33)表示：

$$Q = \frac{a}{2h}F \tag{2.33}$$

式中，$a/2$ 为推力轴到轴承中心的距离，取 $a/2 = 5.6\text{mm}$；h 为 Q 力到轴承中心距

离，取 $h=98.5\text{mm}$。代入数据可得

$$Q = \frac{5.6}{98.5} \times 192500 = 10944(\text{N})$$

制动气室直径可由式 (2.32) 求得

$$D = \sqrt{\frac{2aF}{\pi \times h \times p}} \tag{2.34}$$

代入相关数据可得

$$D = \sqrt{\frac{2aF}{\pi \times h \times p}} = \sqrt{\frac{2 \times 11.2 \times 192500}{3.14 \times 98.5 \times 0.8}} = 132(\text{mm})$$

制动气室推杆行程表达式为

$$l = \lambda \frac{2h}{a} \tag{2.35}$$

式中，λ 为行程储备系数，取 $\lambda=1.4$；将相关数据代入式 (2.35) 可得

$$l = 1.4 \times \frac{2 \times 98.5}{11.2} = 24.625(\text{mm})$$

制动气室容积为

$$V = \frac{\pi}{4} D^2 l = \frac{\pi}{4} \times 132^2 \times 24.625 = 336987(\text{mm}^3)$$

2.4.2　储气筒

储气筒由钢板焊接而成，内外涂以防锈漆，也有用玻璃制造的，其防腐蚀性很好。储气筒的容积大小适当，过大将使充气时间过长；过小将使每次制动后罐中压力降落太大，因而当空气压缩机停止工作时可能进行的有效制动次数太少。当汽车具有空气悬架、气动车门开闭机构等大量消耗压缩空气的装置时，往往加装副储气筒。主、副储气筒间应有压力控制阀，使得只有在储气筒的气压高于 0.6~0.63MPa 左右时才向副储气筒充气。主储气筒的气压达到上述压力值时方可出车。储气筒上装有安全阀，储气筒底装有放水阀。

2.4.3　空气压缩机的选择

空气压缩机主要由压缩、润滑、冷却和空气滤清器等部分组成，此外有的装有卸载装置。汽车用空气压缩机基本上都是采用单、双缸往复活塞式。从气门布置可分为侧置与顶置两种形式，一般现代汽车都采用顶置式气门的空气压缩机。

空气压缩机的润滑很少自成体系，一般是由发动机供给，基本上都采用飞溅润滑和压力润滑。从现有汽车来看，都是采用复合法，即两种方法同时采用来润滑空气压缩机各个润滑点。空气压缩机的冷却形式可分为水冷和气冷两种。

(1) 水冷特点：冷却性能好，但需加水套，结构复杂，加工不便。

(2)气冷结构简单,加工制造方便,但冷却性能较差,所以采用综合式冷却较好,即缸盖采用水冷,缸体采用气冷。进入空气压缩机的空气,基本上都通过空气滤清器,而且大部分与发动机空气滤清器共用。

本次采用顶置式气门的空气压缩机。

2.5　制动器参数化设计系统开发

2.5.1　系统总体设计框架

盘式制动器的设计计算、零部件的结构强度校核及制动器制动效能的计算过程较为复杂,尤其在设计校核不通过时,需要重新选定结构参数,并重复上述的结算和校核过程,浪费工作人员的大量时间和物力资源,且拖延设计周期长,严重增加了员工的重复劳动。在此背景下,开发一款盘式制动器设计平台,将盘式制动器设计过程中涉及的固定计算及校核固化成程序,工作人员只需输入相关设计参数,即可通过设计平台自动进行计算及校核,最后输出计算和校核结果供工作人员参考,如此大大减少了重复劳动力,且缩短了新产品的开发设计周期,节约了成本和时间。

图 2.9 所示为盘式制动器设计平台整体框架图,设计平台主要包括三个主体部分:制动系统性能参数的求解、主要部件结构参数设计、制动系统性能校核。

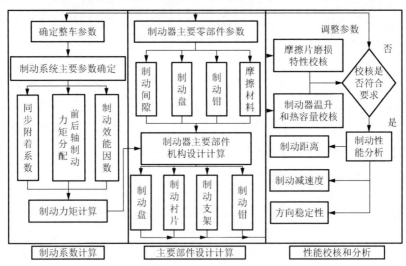

图 2.9　盘式制动器设计平台整体框架

制动系数计算部分,需要输入如表 2.1 所示的整车参数,通过设计平台提取输入的参数后进行固有程序计算,显示输出结果,包括满载和空载时的理想附着系数、效能因数、前后制动阻力矩的配置比例等。关键部件设计包括制动盘、制动钳、衬片、杠杆、驱动机构、支架、安装螺栓及导销等。制动性能校核分析主要涉及制动过程中制动器温升和热容量、空载和满载时制动距离的校核等。

图 2.10 所示为盘式制动器设计平台工作流程图，首先需要建立制动器设计计算模板文件，模板文件放置路径固化到设计平台中，将模板文件的计算流程及计算公式固化到设计平台中，工作人员从人机交互界面输入相关参数后，设计平台提取参数进行计算并校核是否安全，若校核通过则生成设计说明书，若校核不通过则提示校核不安全，需重新输入相关参数，重复上述步骤，直至校核通过。

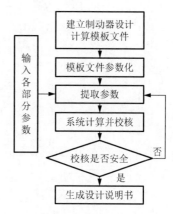

图 2.10　盘式制动器设计平台工作流程图

2.5.2　全局参数变量选择

建立盘式制动器设计平台是将盘式制动器设计模板文件中固有的设计计算流程固化成软件计算流程的过程。在搭建设计平台时首先需要确定全局参数变量，即确定输入参数变量、中间替代参数变量、输出参数变量等。

1. 模板文件参数化

图 2.11 所示为模板文件参数化路线。

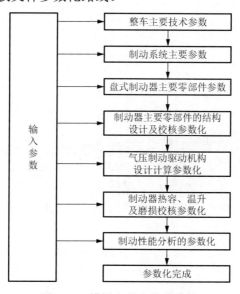

图 2.11　模板文件参数化路线

　　盘式制动器设计模板文件参数化过程就是给中间变量赋值运算的过程，包括整车主要技术参数的赋值运算、制动系统主要参数赋值运算、制动器主要零部件参数赋值运算等。图 2.12 所示为整车主要技术参数的赋值运算。

　　图 2.12 中 Ma1、Mq1、Mh1、Lq1、Lh1、Hg1 分别为空载时的整车质量、前轴载荷质量、后轴载荷质量、汽车整车重心与前轴轴距的距离、汽车整车重心与前轴轴距的距离、质心高度。Ma2、Mq2、Mh2、Lq2、Lh2、Hg2 分别为满载时的整车质量、前轴载荷质量、后轴载荷质量、汽车整车重心与前轴轴距的距离、汽车整车重心与前轴轴距的距离、质心高度。L、Vmax、Re、R 分别为前后轴距、最高车速、车轮工作半径、轮辋尺寸。Textbox1～Textbox16 为人机交互界面输入窗口的文本框，工作人员通过在文本框中输入数值，程序将输入的数值赋值给对应的参数变量完成赋值运算。

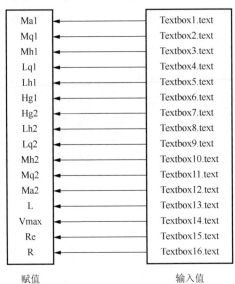

图 2.12　整车主要技术参数赋值运算

　　图 2.13 所示为制动系统关键结构件的变量赋值运算过程。

　　图 2.13 中 Str1、D、H、R1、R2、Q、Str2、H1、F、Djx 分别为制动鼓的材料、制动鼓的直径、制动鼓的厚度、摩擦片内半径、摩擦片外半径、衬片包角、蹄的材料、衬片厚度、摩擦系数、衬片与鼓的间隙。Textbox17～Textbox26 为对应的输入文本框。

　　图 2.14 所示为制动力矩及支架计算参数的赋值运算。

　　图 2.14 中 F1 为气室推力、j 为机械传递效率、L1 为压力臂的力臂长度、e1 为偏心距、R3 为气室推力到转动中心的距离，R4 为杠杆侧边支点到中心轴的距离，fg 为滚动轴承摩擦系数，γ 为钳体受力方向与垂直方向的夹角，α 为气室推杆推力

与水平面的夹角，Str3 为气室推杆材料，[σb] 为弯曲许用应力。Textbox27～Textbox37
为对应的输入文本框。

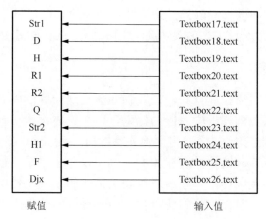

图 2.13　制动系统关键结构件的变量赋值运算

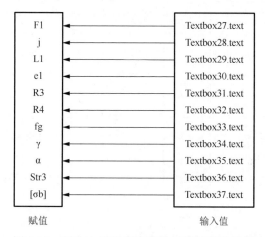

图 2.14　制动力矩及支架计算参数的赋值运算

图 2.15 和图 2.16 分别为气压驱动结构设计参数赋值运算和制动器性能校核计算
参数赋值运算。

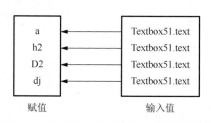

图 2.15　气压驱动结构设计参数赋值运算

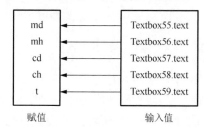

图 2.16　制动系统性能参数赋值运算

图 2.15 中 a 表示推力轴与轴承中心的偏移量,h2 表示推杆上大推力与制动鼓轴线的偏移量，D2 表示驱动气室与活塞接触面的内径，dj 表示活塞直径。图 2.16 中 md 为制动鼓总质量，mh 为与制动鼓相连的受热金属件的质量，cd 为制动鼓材料的比热容，ch 为与制动鼓相连的受热金属件的比热容， t 为制动鼓温升。

2. 模板文件替换

模板文件替换时，需在建立好的鼓式制动器设计计算模板文件中插入标签，将程序中定义好的变量指向模板中对应的标签，以此完成设计平台与设计模板之间通道的搭建。工作人员通过人机交互界面输入参数时，通过设计平台对参数变量赋值，参数变量通过对应标签将赋值体现在模板文件中以此完成设计报告的更新。

模板文件参数化完成后，程序遍历 Word 格式的模板文件中的标签，用输出的参数替换标签的参数，从而生成新的文件。由于替换方法相同，下面用空载时整车参数的替换进行说明，其他参数替换不再赘述。替换方法如图 2.17 所示。

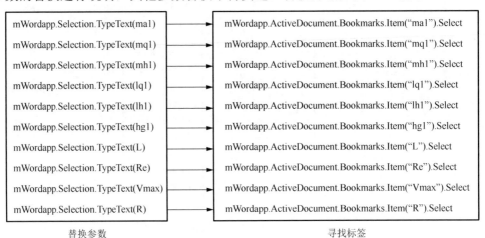

替换参数　　　　　　　　　　　　　　　　　　　　寻找标签

图 2.17　空载时整车参数的替换

其中以 ma1 为例说明，程序查询 Word 中的标记，找到名字为"ma1"的标记，程序用 ma1 中的参数替换该标记，依次替换完所有标记后，输出结果生成新的 Word 文档，从而完成模板文件的替换工作。

2.5.3　人机交互界面设计

鼓式制动器设计平台的人机交互界面主要实现工作人员参数输入操作和结果显示功能，本着操作简单实用方便，界面美观的原则。

图 2.18 所示为制动系统设计平台整车参数输入操作界面。

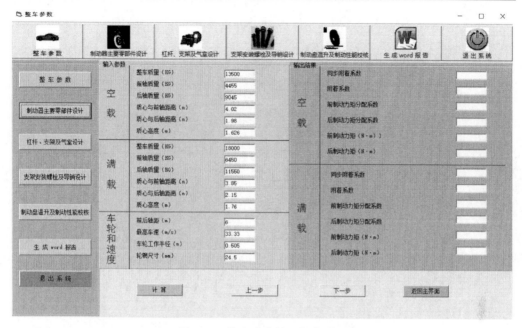

图 2.18　整车参数输入操作界面

图 2.19 所示为制动系统关键结构件设计界面。

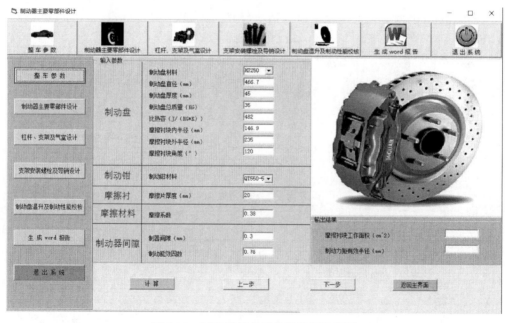

图 2.19　制动系统关键结构件设计界面

图 2.20 所示为杠杆、支架及气室设计界面。

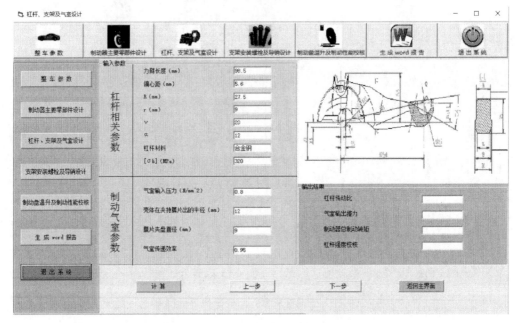

图 2.20　杠杆、支架及气室设计界面

图 2.21 所示为支架安装螺栓及导销计算界面。

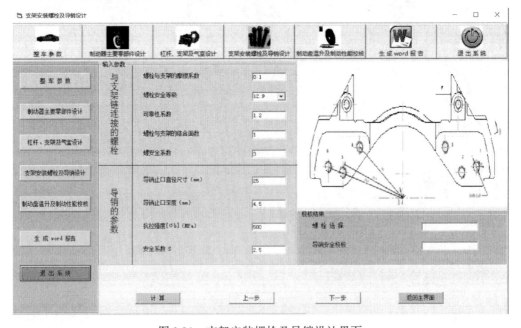

图 2.21　支架安装螺栓及导销设计界面

图 2.22 所示为制动器温升及制动性能校核界面。

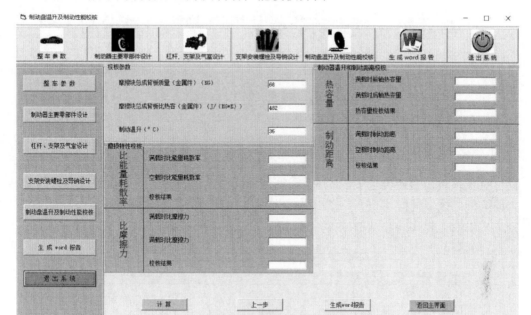

图 2.22 制动系统温升及制动性能校核界面

参 考 文 献

[1] 刘惟信. 汽车设计[M]. 北京: 清华大学出版社, 2001.

[2] 陈家瑞. 汽车构造(下册)[M]. 4 版. 北京: 人民交通出版社, 2002.

[3] 王望予. 汽车设计[M]. 4 版. 北京: 机械工业出版社, 2004.

[4] 罗永革, 冯樱. 机械设计[M]. 北京: 机械工业出版社, 2011.

[5] 欧洲经济委员会. 欧洲经济委员会(ECE)汽车标准法规[S], 1988.

[6] 欧洲经济共同体. 欧洲经济共同体(EEC)汽车技术法规[S], 1988.

[7] 盛军. 轻、中卡制动器综合性能试验台的研究[D]. 合肥工业大学, 2014.

[8] 衣玉兰. 汽车制动与安全[M]. 赤峰: 内蒙古科学与经济出版社, 2009.

[9] Zhang J, Zhang B, Zhu Y M, et al. Development of special software for disc brake design[C]. Logistics Engineering Management and Computer Science, 2014, (101): 782-786.

[10] 刘惟信. 汽车制动系统的结构分析与设计计算[M]. 北京: 清华大学出版社, 2004.

[11] 满金华. 制动时汽车的方向稳定性[J]. 汽车与安全, 2002(7): 27.

[12] 王智深. 客车气压制动系统欠压补偿控制技术研究[D]. 武汉理工大学, 2012.

第3章 盘式制动器关键零部件性能分析

3.1 结构强度试验研究

3.1.1 支架疲劳台架试验

盘式制动器的疲劳台架试验在国家规定中是必须进行的，这是检验产品合格与否的关键判据，同时需要在台架试验中发现零部件的失效区域，为零部件数值仿真分析正确性提供实践验证的依据，使零部件的数值仿真结构优化具有可行性，降低成本，提高效率[1,3]。

1. 支架疲劳台架试验原理

疲劳试验机用来模拟制动器的工作过程，根据汽车行业标准 QC/T 316—1999，将制动器装在疲劳试验机台架上，如图 3.1(a) 所示，支架和台架过渡盘(模拟汽车转向节)通过四只 10.9 级高强度螺钉连接，螺钉预紧扭矩为 300N·m。如图 3.1(b) 所示，疲劳试验的原理为通过液压动力缸的上下伸缩驱动制动盘主轴往复转动，制动盘上安装在支架两侧的摩擦块由双推杆推动且在整个试验过程中始终压紧制动盘，推杆是由空气加压装置驱动，制动器气室压力定为标准工况 0.8MPa。在进行疲劳台架试验之前，需要检查气室启动压力、制动间隙自调功能以及制动扭矩是否合格、可行。在完成这三项之后再进行疲劳扭转试验。检验合格后，进行 20 万次疲劳台架试验，在试验工程中观察支架的变化。

(a)疲劳试验现场

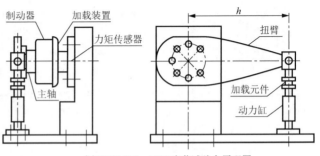

(b)QC/T 316—1999 疲劳试验台原理图

图 3.1 疲劳试验台

2. 支架疲劳台架试验结果

在疲劳台架试验过程中，观察发现：支架在 5500 次制动后，支架较细拱末端已经出现了小裂纹；达到 20000 次制动后，支架较细拱末端裂纹变得较为明显；在 40000 次循环变应力的作用下，支架在较细拱末端发生断裂，现场裂痕如图 3.2 中圆圈所示。

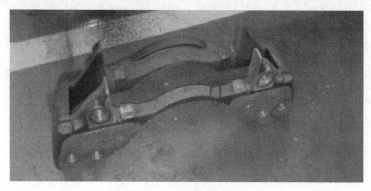

图 3.2　支架损伤图

3.1.2　应力测量试验

1. 应力测量试验原理

对盘式制动器强度进行应力测量试验研究。应力测量试验，技术属性上作为非电量电测法，通俗讲是采用实验方法来测定机械零件结构的应力和变形，在研究工程结构强度上是一种有效、直接的手段。可以直观上验证分析对象数值建模方法的正确性，同时为分析对象结构的优化改进提供依据。支架应力测量试验采用电阻应变测量技术，它的基本原理是应变片中的电阻丝随着在试件受力下随着试件一起变形，它的阻值就会发生变化，通过电桥电路将电阻产生的微小改变量导换成电压或电流信号，通过电阻应变仪将这个信号放大，最后用合适的方法和仪器记录下来，经过物理参量之间的变换，导出被测位置点的应变和应力值，如图 3.3 所示。

图 3.3　电阻应变测量基本原理

2. 应力测量试验过程

盘式制动器应力测量试验采用的设备主要包括：DH3817F 型数据采集器一台、

DHDAS2013版软件、计算机、应变片、制动器疲劳试验台等，如图3.4所示。

(a) DH3817F 型动态应变仪

(b) 计算机

图 3.4　实验主要设备

在进行应力测量试验时，需要确定应变片在试件上所贴位置。在钳体左侧底部、左侧上部、右侧上部、右侧底部、内底面，即图3.5(a) 中的1#、2#、3#、4#、11# 点五处各贴一片 DTA3-G1 型应变片，贴片方向为钳体的受力方向，在钳体左侧拐角、右侧拐角处，即图3.5(a) 中的 5#、6#、7#，8#、9#、10# 点两处各贴一片 BE120-3CA 型应变花，贴完连接导线、设备，如图3.5(b) 所示；在前面疲劳台架试验中，支架在较细拱末端发生断裂，所以此处应为最危险区域，需要粘贴应变片测量制动器工作过程中此处的应力值大小，此处定为位置13#，如图3.6(a) 所示；同时因为制动盘主轴是往复转动，所以在位置13#所在支架较细拱对称处设置另一块应变片，此处设为位置12#；在疲劳试验试验机上将制动器拆卸，露出支架，在支架上(主要在两个位置上)贴应变片，处理好位置12#和位置13#表面，贴上应变片，如图3.6(b) 所示。利用台架疲劳试验台对制动器进行台架试验，在制动器工作标准 0.8 MPa 气压工况下做应力测试，收集、记录应力测试数据。

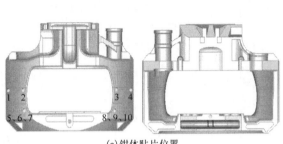
(a) 钳体贴片位置

(b) 钳体现场

图 3.5　钳体应力测量

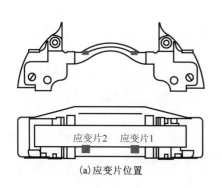

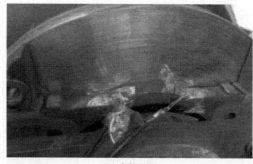

(a) 应变片位置　　　　　　　　　　(b) 支架现场

图 3.6　支架应力测量

3. 应力测量试验结果

经过多次制动测试试验最终测出盘式制动器在气室压力为 0.8MPa 工况下的钳体、支架的应力分布情况，分别如表 3.1 和表 3.2 所示。

表 3.1　钳体应力试验结果　　　　　　　　　（MPa）

测点	左侧底部 1#	左侧上部 2#	右侧上部 3#	右侧底部 4#	左侧底角 5.6.7#	右侧拐角 8.9.10#	内底面 11#
试验结果 /MPa	222.1	59.7	65.4	173.1	65.2	70.2	533

表 3.2　支架应力试验结果　　　　　　　　　（MPa）

通道编号	12#	13#
最大应力	239.1	471.1

3.2　盘式制动器总成分析

当盘式制动器制动时，双推盘在气压力的作用下推动内摩擦块沿着导销轴向移动，以一定的压力压向制动盘，同时，制动钳钳体也在气压反作用下将外摩擦块以一定压力压向制动盘，这时摩擦块与制动盘间产生摩擦力，从而达到制动的目的[4-6]。

3.2.1　钳体受力分析

在正常工作状态下，制动钳钳体受力情况如下[7]：

（1）制动钳体是与外制动衬块直接相接触的，在工作过程中，由于制动盘受到衬块的挤压力，根据作用力与反作用力的原理，制动盘也会产生一定的反作用力，这个作用力就会由外制动衬块的传递而给钳体施加一个反方向的推力。

(2)制动钳体不仅与外制动衬块接触，而且在其内腔中也是与杠杆、活塞等相连在一起的，同样，制动盘受到内外制动衬块的作用而产生的反作用力也会由内制动块、活塞、杠杆的传递而作用于钳体的曲面，产生一个剪切力。

(3)由工作原理可知，制动钳体是通过导销和螺栓的作用而与制动支架连接在一起的，因此，来自支架的作用力就会通过它们之间的螺栓孔传递给钳体，从而产生一个横向作用力。

其中(2)和(3)的作用力相对于(1)来说是非常小的，基本上可以忽略不计，此处利用对零件施加额外约束的方法来充当这两个作用力的影响。

推力大小为

$$F = Q \times i \times \eta \tag{3.1}$$

式中，Q 为气缸推杆的推力，取值为11000N；i 为传动比，取值为 17.5；η 为传动效率，取值为 0.95；则杠杆的推力为 $F = 11000 \times 17.5 \times 0.95 = 182875$ (N)。

压强

$$P = \frac{F}{S} = \frac{182875}{9472} = 19.306905 \text{ (MPa)}$$

3.2.2　支架受力分析

盘式制动器支架的受力情况如下[8,9]：

(1)制动盘与摩擦块间的摩擦力通过支架底部导向面传递到支架内侧支撑面上；

(2)支架上螺栓孔处受到螺栓的反作用力；

(3)支架上与车桥接触的两个面上受到车桥的作用力；

(4)与钳体连接的导销孔处有来自钳体对支架的反作用力，但此力较小，可忽略不计。

3.3　盘式制动器关键零部件的有限元分析

3.3.1　钳体静力学分析

1. 钳体静力学建模

1)网格划分

如图 3.7(a)所示，利用 Solid Works 软件建立钳体的三维模型，然后导入 ANSA 软件中进行网格划分，再利用 ABAQUS 软件进行求解和结果分析。如图 3.7(b)所示，在划分网格时，先对几何模型进行简化，忽略钳体上各种细小倒角圆角的存在，采用四面体三维单元，模型的具体信息如表 3.3 所示。

(a) 几何模型

(b) 网格模型

图 3.7　24.5 吋钳体模型

表 3.3　钳体有限元模型信息

分析对象	单元类型	单元数	节点数
钳体	C3D4	479867	86819

2) 材料属性定义

钳体所用材料为 QT550-5，其弹性模量为 169GPa，泊松比为 0.286，抗拉强度为 550MPa，具体如表 3.4 所示。

表 3.4　钳体材料属性表

分析对象	材料牌号	弹性模量/MPa	泊松比	密度/(ton/mm³)	抗拉强度/MPa	延伸率
钳体	QT550-5	1.69e+05	0.286	7.12e-09	550	5

3) 边界条件定义

根据以上受力分析可知，在钳体安装轴瓦的面上施加完全固定约束，即约束 6 个自由度；在钳体与外摩擦块接触的后部平面上施加载荷，以压强的形式施加，0.8MPa 气压下钳体后部平面所受的压强 P 为 19.31MPa，具体如图 3.8 所示。

图 3.8　钳体边界条件示意图

2. 钳体静力学分析结果

如图3.9(a)、(b)，分别为钳体的应力和位移云图，由图中可知钳体的最大应力为533.634MPa，出现在钳体与摩擦块接触的外侧，由于钳体所用材料为铸铁类，故采用第一强度理论进行校核，即最大拉应力理论，钳体的抗拉强度为550MPa，因此满足强度要求；钳体的最大位移为1.878mm，出现在与摩擦块接触的外侧，此位移较小，因此，满足刚度要求。

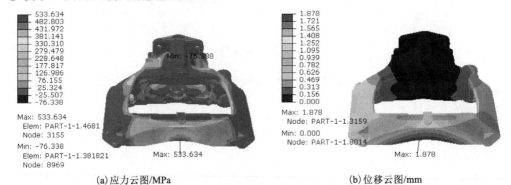

(a)应力云图/MPa　　　　　　　　　　　　　(b)位移云图/mm

图3.9　24.5吋钳体分析

钳体静力学分析与试验对比结果如表3.5所示。

表3.5　钳体应力试验对比

测点	左侧底部 1#	左侧上部 2#	右侧上部 3#	右侧底部 4#	左侧底角 5.6.7#	右侧拐角 8.9.10#	内底面 11#
仿真结果 /MPa	198.7	60.1	56.9	184.8	81.9	89.4	488.4
试验结果 /MPa	222.1	59.7	65.4	173.1	65.2	70.2	533
误差 /%	10.6	0.65	13	6.8	25.1	27.2	8

3.3.2　支架静力学分析

1. 支架受力分配比模型

在制动器装配结构中，支架的所受制动力是通过摩擦块上金属衬块施加。通过理论计算只能将制动力完整转化为对支架水平方向的压力，无法准确得出支架与金属衬块之间的垂直方向作用力与反作用力。必须建立受力分配比模型，来真实模拟制动过程中支架完整的受力情况，准确计算出支架建模时的外载荷分配状况。支架受力分配比模型需要的组件包括制动盘、摩擦块、摩擦衬块，以及两个解析刚体，如图 3.10 所示。两个解析刚体用来代替支架与摩擦衬块的接触面，解析刚体的表面积大小为摩擦衬块与支架的接触面积大小。通过解析刚体 1 和刚体 2，分别求出摩擦块金属衬块与支架的两个接触面之间的相互作用力。

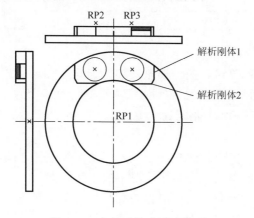

图 3.10 支架受力分配比模型

使用 ANSA 软件对制动盘、摩擦块及金属衬块进行网格划分,在划分摩擦块和金属衬块时，要保留活塞推杆与金属衬块接触的圆形图案，其余正常划分，如图 3.11 所示。由于整个模型的结构相对较简单，划分以高质量的六面体网格为主，六面体网格计算结果更精确。

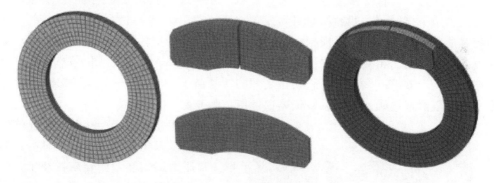

图 3.11 受力分配比模型网格

整个模型共包含 5954 个 C3D8I 单元和 320 个 C3D6 单元，包含 8610 个节点，具体单元参数如表 3.6 所示。

表 3.6　受力分配比模型单元参数

对象	单元类型	单元节点数量	单元数量
制动盘	C3D8I	3600	2520
摩擦块	C3D8I、（C3D6）	3006	2122、（200）
金属衬片	C3D8I、（C3D6）	2004	1302、（120）

1）材料属性

制动盘的材料是 HT250，弹性模量为 1.05e5MPa，泊松比为 0.3；摩擦块的材料是树脂基复合材料，弹性模量为 2200MPa，泊松比为 0.25；金属衬块的材料为 20 钢，弹性模量为 2.13e5MPa，泊松比为 0.282。

2）接触关系定义

受力分配比模型由多个部件装配而成，因此在各零件之间需要定义相对应的绑定关系，以真实地模拟零部件在现实情况下的接触状态。绑定分为两类：一类是绑定接触，另一类是绑定约束。它们的目的都是让两个面互相连接结合，不会出现分离。它们的区别在于：绑定约束必须在模型的最初始状态中进行定义，在随后的整个分析过程中都不会发现变化，一直连接在一起；绑定接触可以在某个时段里定义，在这一时段没开始之前，两个表面之间没有连接关系，在这个时段之后才绑定在一起。受力分配比模型中，制动盘与摩擦块，金属衬块与两个解析刚体之间都是采用绑定接触。

定义接触时，有两种接触状态需要判断，分别为有限滑动和小滑动。有限滑动针对的是两个接触面之间的相对滑动或转动量较大。小滑动针对的是两个接触面之间相对滑动或转动量较小。根据制动器工作特性，解析刚体 1 和刚体 2 分别与金属衬块的侧面与底面相接触，它们之间的相对滑动量较小，所以其接触状态定义为小滑移接触，无摩擦；摩擦块与制动盘之间的接触由于相对转动量较大，其接触状态定义为有限滑移接触，摩擦系数依据惯例取值为 0.4。

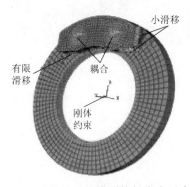

将制动盘的内圈节点定义为刚体约束，参考点设置在其回转中心 RP1 处；为了将气室压力均匀加载到金属衬块上，将金属衬块与推杆接触的两个圆形区域的所有节点耦合到各自形心位置的表面外侧参考点 RP2 和 RP3 上，具体示意图如图 3.12 所示。

3）边界条件定义

支架受力分配比有限元模型一共包含两个分析步即静态加载和准静态旋转。

图 3.12　受力分配比模型接触绑定示意图

在第一个分析步中，对制动盘的横向对称面添加对称约束，限制制动盘刚体，约束参考点 RP1 的全部自由度；两个解析刚体的全部自由度也需要被约束；对金属衬块上的两个耦合参考点 RP2 和 RP3 分别施加垂直金属衬块表面向里的集中力，该集中力为推杆的压力。根据该盘式制动器正常工作气室压强 0.8MPa，可推算单推杆压力：

$$F_{气} = p \times S = 0.8 \times 0.01375 \times 10^6 = 11000(\text{N})$$

$$F_{推} = \frac{F_{气} \times i \times \eta}{2} = \frac{11000 \times 17.5 \times 0.95}{2} = 91437.5(\text{N})$$

式中，p 为气室压强；S 为气室推杆有效接触面积；i 为杠杆放大系数；η 为推力有效系数。

由以上所得为单推杆压力，即在参考点 RP2 和 RP3 处分别施加的轴向集中力为 91437.5N，使摩擦块紧贴制动盘。

在第二个分析步中，将制动盘内圈所约束的参考点 RP1 的绕轴向转动自由度设置为 2π rad（用制动盘的转动模拟摩擦块的转动），其他参数不变。一切边界参数设置好之后，建立任务文件，提交进行计算。

4）支架受力分配结果

利用 ABAQUS 计算完之后，得到解析刚体 1 所受的切向力，解析刚体 2 所受的径向力，结果如图 3.13 所示。

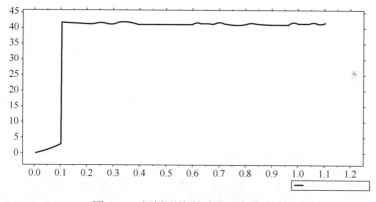

图 3.13　解析刚体所受水平力的大小

如图 3.13 所示，解析刚体 1 所受切向力代表支架在水平方向的受力，它的平均值大约是 $F_X = 41500$N，总体上输出力的曲线较为平稳。

如图 3.14 所示，解析刚体 2 所受径向力代表支架在竖直方向的受力，它的平均值大约是 $F_Y = 12000$N，总体上输出力的曲线波动较大，原因主要是摩擦块与制动盘之间产生的摩擦力会使摩擦块具有转动并沿径向飞出的趋势，摩擦块本身是具有离心力的作用（本分析中没有对各零件的密度进行设置，分析中没有质量，所以不考虑离心力的附加作用），而金属衬块顶端节点沿径向移动的自由度被约束住，金属衬块上下方节点同时约束加上金属衬块的变形，导致金属衬块沿径向的振动，所以解析刚体竖直方向的受力会出现较大的波动。

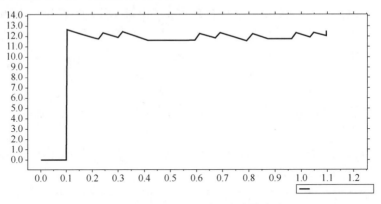

图 3.14　解析刚体所受竖直力的大小

制动力以压强形式加在支架上，水平方向压强为 P_1，竖直方向压强为 P_2，关于 P_1 与 P_2 大小的计算过程如下：

通过支架的受力分配比模型求得支架水平方向受力 F_1=41500N，竖直方向受力 F_2=12000N。

测量解析刚体 1 和刚体 2 的表面积可以求得制动力施加的竖直方向面积 S_1 和水平方向面积 S_2，测得 S_1=45×10=450(mm²)，S_2=19×10=190(mm²)。

则支架所受水平方向的压强为 P_1=F_1/S_1=41500/450=92.2(MPa)，支架所受的竖直方向的压强为 P_2=F_2/S_2=12000/190=63.1(MPa)。

支架受力分配比模型准确计算出支架在制动过程中所受的外载荷，解决了后期支架建模时外载荷输入问题，使得支架强度分析的结果更加真实。

2. 支架受力分配结果正确性验证

在制动盘垂直回转轴的对称平面内，摩擦块的受力情况为两个解析刚体对其侧面的支持力、金属衬块顶端弹性挡片的压力、制动盘的摩擦力。如果将制动盘和摩擦块看成整体，则摩擦力属于内力，对整体进行受力分析。根据制动器与摩擦块整体的力矩平衡，对制动盘中轴取矩为

$$M_1 = F_X L_X + F_Y L_Y = 41500×153.32+12000×100.79=7.57×10^6 (\text{N}\cdot\text{mm})$$

式中，F_X 为解析刚体 1 对金属衬块施加的支持力，N；L_X 为 F_X 对制动盘回转轴的力臂，mm；F_Y 为解析刚体 2 对金属衬块施加的支持力，N；L_Y 为 F_Y 对制动盘回转轴的力臂，mm。

通过 ABAQUS 结果文件测量的制动力矩约为 RM1=7.80×10^6，M_1 比 RM1 小 2.9%，经过验证，M_1 接近 RM1 且小于 RM1，说明计算结果是正确的，且较为保守。

3. 支架静力学建模

支架静力学分析的有限元建模方法在以往的研究中并没有一个标准的答案。常用的有两种建模方法：第一种为无螺钉建模，模型只有一个部件即支架本身；第二种建模方法为有螺钉建模，模型的组件为支架和连接螺钉。本文作者认为有转向节建模是装配比较完整的建模方法，将与支架相接触的组件完整的加入进来，整个模型组件包括支架、连接螺钉和转向节。支架通过螺钉固定在转向节上，螺钉与支架之间是螺纹连接，与转向节之间是间隙配合。支架静力学建模过程如下。

1) 网格划分

转向节形状较为规整，网格划分并不复杂，主要注意光孔处的网格划分，在与螺钉头部接触的区域至少加上一层 Wash 圈，使此区域与螺钉头部区域网格相映衬，形成节点一致，能够较好地完成接触状态，计算结果更容易收敛。同时转向节上法兰处区域也需要加一层 Wash 圈，便于设置边界约束时，选择的区域更加准确，不会出现多选或少选，影响计算结果，具体如图 3.15 所示。

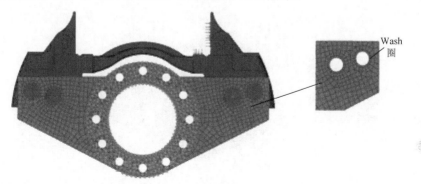

图 3.15　有转向节建模网格图

支架和螺钉的网格单元类型与前面一致，转向节的几何模型由于比较简单，网格类型偏向使用六面体网格，模型具体网格单元参数如表 3.7 所示。

表 3.7　模型单元参数

对象	单元类型	单元数	节点数
支架	C3D10	535440	790266
螺钉	C3D10、（C3D6）	12636、（6600）	2304、（2976）
转向节	C3D8R、（C3D6）	6500	8760

2)材料属性定义

支架为 QT800-2，螺钉材料为 45 钢，它们材料参数未变。转向节材料采用 QT800-2，具体材料参数如表 3.8 所示。

表 3.8　模型材料参数

分析对象	材料牌号	弹性模量/MPa	泊松比	密度/(ton/mm³)	抗拉强度/MPa
支架	QT800-2	1.74e+05	0.27	7.3e-09	800
螺钉	45 钢	2.1e+05	0.3	7.85e-09	355
转向节	QT800-2	1.74e+05	0.27	7.3e-09	800

3)接触关系定义

在本模型中，支架、螺钉、转向节三者之间共有四处接触。螺钉与支架螺纹孔处的接触状态依旧设置为绑定约束，让螺钉与支架的接触面在整个分析过程中都不再改变。支架与转向节之间定义为绑定接触，因滑动量较小，设为小滑移，摩擦系数为 0.19。螺钉头部和转向节接触区域定义为绑定接触，设为小滑移，摩擦系数为 0.19。螺钉杆与转向节内孔之间也定义绑定接触，设为小滑移，摩擦系数为 0.19，具体如图 3.16 所示。

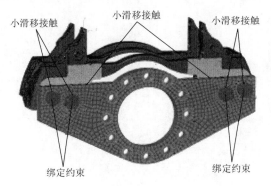

图 3.16　模型接触绑定约束示意图

4)边界条件定义

整个模型在进行静力学分析时分析步为螺钉预紧和静态加载两步，在第一个分析步中，将转向节的中间大孔内表面、一周螺栓孔的内表面、中间盘形连接面的三个方向的移动自由度全部限制。对连接转向节和支架的四个螺钉施加预紧力，螺钉预紧力大小为96830N。在第二个分析中，将制动力以压强的形式加在支架上，水平方向压强为 p_1，竖直方向压强为 p_2，

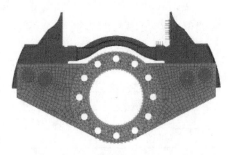

图 3.17　边界载荷与约束示意图

具体示意图如图 3.17 所示。

5）提交计算

在完成支架加转向节建模之后，提交 ABAQUS 软件进行计算。

4. 支架静力学计算结果

在支架加转向节建模方法下，支架通过螺钉与转向节连接，转向节固定，在支架上施加垂直与水平方向的外载荷，通过计算得到应力与位移云图如 3.18 所示。

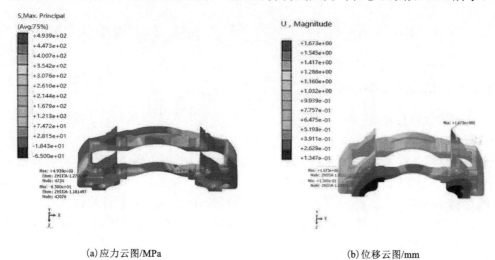

(a) 应力云图/MPa　　　　　　　　　　(b) 位移云图/mm

图 3.18　支架应力应变云图

从图 3.18(a) 支架的应力云图可以看出，支架应力最大值为 493.9MPa，支架材料的强度极限为 800MPa，所以在此建模方法下，支架是满足强度要求的。支架最大应力出现的位置于支架较细拱梁的一端，即应力测试位置 1 处，位置 2 处的应力集中也较明显，为 250.6MPa；支架最大应力值大于材料的屈服极限 480MPa，但是仅表层局部区域应力值较大，若经过长时间的制动使用后，位置 1 处有可能发生疲劳破坏，支架的数值应力位置和结果比较接近应力测试的结果。从支架的位移云图 3.18(b) 可以看出，支架的最大位移出现在远离转向节一侧支撑摩擦块金属衬块的立板尖角处，最大位移为 1.673mm，满足刚度要求。

5. 应力测试试验验证

在支架有限元模型贴片位置建立局部坐标系，并选择当前新建坐标系，选取与所贴片面积等大小的壳单元，算出这些壳单元的平均应力。将应力测试试验所测出的应力值与通过有限元分析计算得到的应力值进行比较，结果如表 3.9 所示，支架上两测点的误差在 5% 以内，验证了气压盘式制动器支架非线性有限元模型建立的正确性。

表 3.9 支架应力试验对比

测点	12#	13#
仿真结果/MPa	4.15	493.9
试验结果/MPa	3.98	471.2
误差	4.27%	4.82%

3.4 盘式制动器支架的疲劳分析及结构优化

3.4.1 盘式制动器支架疲劳分析

支架的疲劳分析是很重要的内容,盘式制动器的疲劳寿命大多是根据经验数据计算得到,但是由于制动器的工况较为复杂且制造工艺的差异性,所以理论计算的寿命与实际情况会有较大的差距[10,11]。支架进行疲劳台架试验由于具有周期长、成本高、随机性较大的特点,并不能被所有企业接受,且效果并不一定理想。利用计算机对制动器进行疲劳仿真分析,同时结合台架试验结果,对设计的改进具有很好的指导意义,极大地缩短了盘式制动器设计周期。以下利用 FEMFAT 疲劳分析软件对支架进行疲劳仿真,计算支架的疲劳寿命,并与台架试验进行对比验证。

1. 基于 FEMFAT/BASIC 模块的支架疲劳分析模型

运用 FEMFAT/BASIC 模块对盘式制动器支架进行疲劳分析,建立疲劳模型主要分为 4 个步骤,分别如下。

1) 工况输入

在运用 FEMFAT/BASIC 模块进行疲劳分析之前,先将所分析模型导入到软件中,根据分析要求,需要将所选部件的节点及单元信息赋予所分析模型,这里分析模型为支架,则去除其他组件,将支架的单元与节点信息单独赋予所分析模型。FEMFAT 可以根据实际工况在 ABAQUS 软件中创建两种极限工况,分别计算出工件在不同工况下的最大应力结果和最小应力结果,然后将以上两种 ABAQUS 软件计算结果的.odb 文件导入到 FEMFAT 软件中。盘式制动器支架只取在最大制动力矩下的工况,不考虑最小工况,为此将支架加转向节建模下计算的最大应力结果文件导入到 FEMFAT 中。

2) 材料选择

FEMFAT 软件中有自带的材料库,零部件输入进去可在材料库中选择与自身相符的材料,并且可以根据实际情况稍加修改极限应力值和屈服强度的大小,若材料库中没有零部件本身需要的材料，也可以新建自身所需的材料。本文盘式制动器支架的材料选为 QT800-2，强度极限为 800MPa，屈服强度为 480MPa，在材料库中选用与之相对应的材料，对极限应力值和屈服强度进行修改。

3) 影响因素选择

在进行疲劳分析的过程中，需要考虑各种影响因素对所分析的工件的影响。在 FEMFAT 软件中可以定义许多的影响因素，包括表面粗糙度、设计尺寸、温度、表面热处理(喷丸、渗碳、渗氮、淬火、表面硬化等)、统计学等。在进行疲劳分析时，可以根据实际对象和实际工况进行选择。本文在对盘式制动器支架进行疲劳分析时，主要考虑应力影响、表面粗糙度影响、温度影响，应力强度准则选择最大主应力，统计学存活率取为90%，温度设为20℃。表面处理选择喷丸、渗碳。

4) 载荷输入及分析参数

由于疲劳台架试验中，支架在经历 40000 次的往复制动后，出现了断裂，因此对支架施加 40000 次对称循环变应力的试验载荷，取平均应力缩放系数和应力幅值缩放系数均为 1，由于支架的疲劳分析属于低周疲劳，因此按照疲劳损伤值来进行验证。选择疲劳损伤值作为疲劳分析计算的参数，应力循环次数与损伤值的比值为支架的疲劳寿命。

2. 支架疲劳分析结果

支架疲劳参数设置完毕后，将疲劳模型提交计算。疲劳分析损伤值计算结果如图 3.19 所示。

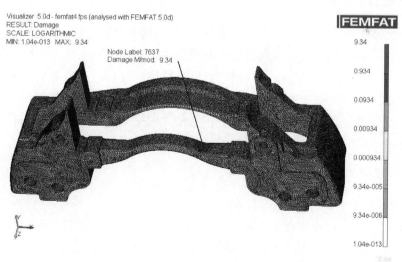

图 3.19　支架疲劳分析损伤值云图

从图 3.19 中可知,使用 FEMFAT 进行疲劳分析时损伤值最大的位置出现在支架较细拱的位置 1 处,损伤值为 9.34。在支架的实际工况中,应力最大处很容易出现疲劳破坏,这与我们使用 FEMFAT 进行疲劳分析时损伤值最大的位置相符。支架发生断裂并非整个断裂面的应力同时达到最大值,而是由于交变应力的作用在支架表面先产生疲劳裂纹,随着持续的工作裂纹开始逐渐扩展,当裂纹达到一定程度时,截面发生突然断裂,支架完全失效。

根据疲劳分析结果,通过 40000 次循环变应力的作用,支架损伤值最大处与支架应力最大处一致,损伤值为 9.34,可以得到疲劳寿命=应力循环次数/损伤值=40000/9.34=4282.66 次。

3. 支架疲劳分析结果与试验对比验证

在之前 20 万次的疲劳台架试验中,支架表面出现疲劳裂纹的应力循环次数为 5500 次,而通过疲劳分析软件 FEMFAT 计算得到的支架疲劳寿命为 4282.66 次,与试验结果之间存在 22.1% 的误差。产生的误差是由于支架的疲劳寿命与材料、结构、热处理、工况等诸多因素有关,在利用 FEMFAT 进行疲劳分析时,这些因素参数由于无法给出比较准确的数值,所以此误差在允许范围内,此疲劳分析模型及结果可以接受。因此,疲劳台架试验验证了支架疲劳分析结果的正确性,可以利用数值疲劳分析为盘式制动器支架的形状优化提供预测性数据,评判支架形状优化的效果。

3.4.2 支架结构优化

在台架试验中,支架在 5500 次制动后,支架位置 1 处较细拱末端出现了小裂纹,在达到 20000 次时裂纹变得较为明显;在经历 40000 次循环变应力的作用下,支架位置 1 处发生断裂,支架失效。利用计算机进行疲劳分析得出的结果与支架台架疲劳测试结果的误差在可接受范围内,具有可靠性,所以盘式制动器支架需要进行形状优化,提高自身的使用次数,延长工作寿命。在支架形状得到优化之后,再进行疲劳分析,评价优化结果,决定支架形状优化是否合理。

1. 基于 OPTISTRUCT 的支架形状优化

1) OPTISTRUCT 优化概论

OPTISTRUCT 优化设计有三要素,包括设计变量、目标函数以及约束条件。设计变量是指要优化的对象参数如物体的结构尺寸;目标函数就是关于设计变量的函数,使对象参数能够得到最佳设计;约束条件就是将设计变量的优化主动控制在一定范围条件内,使目标函数在限制范围作出最佳解答。关于 OPTISTRUCT 的优化设计流程如图 3.20 所示，首先需要进行 FE（Finite Element）建模，接着对优化设计三要素进行设定，然后提交计算进行结构分析，得出优化结果，如果计算过程不收敛，则需要对优化设置参数进行修改再计算，循环往复直到收敛为止。

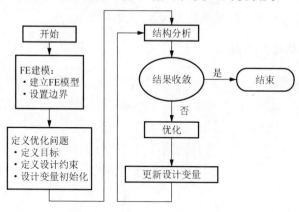

图 3.20　OPTISTRUCT 优化流程

2）支架优化模型

基于支架疲劳台架试验和应力测试试验、有限元结构强度分析和疲劳分析结果，使用 HYPERWORKS 中的 OPTISTRUCT 模块对支架强度不满足要求的位置进行形状优化，得到满足强度要求的最佳形状。

首先，通过 HYPERMORPH 创建三维 DOMAINS（生成对应的 HANDLES）和形状变化趋势 SHAPES，从而定义优化对象（设计变量）。支架断裂处棱边对应的两个表面（侧面和顶面）需要加厚，对此处两个方向的尺寸创建 SHAPES。为了防止在形状优化过程中，设置变量过大至各零件之间产生干涉，考虑到零件之间可控间隙后，设定 SHAPES 侧面的尺寸变化量为 1.5mm，顶面的尺寸变化量为 3mm，则优化后变化的尺寸不会大于 3mm。需要加厚的两个表面的尺寸作为优化变量，选择之前通过 HYPERMORPH 创建的作为优化设计变量的 SHAPE。

然后定义优化目标。目标函数定义的响应为体积响应（VOLUME），目标函数定义为最小体积响应函数，使支架的优化能够在最小体积增加的情况下，满足设计要求。

最后，定义优化的约束。为了降低支架断裂处的应力，使其满足支架材料强度要求，需要对应力大小进行约束，使支架的优化在满足强度要求的情况下进行。约束函数定义的响应为静态应力响应（STATIC STRESS）。支架材料使用的是 QT800-2，强度极限是 800MPa，屈服极限为 480MPa，约束函数定义为静态应力响应函数，且应力的上限值设置为 480MPa。

3)支架优化结果

完成支架优化的模型后，进行结构分析。在支架形状优化收敛之后，支架断裂区域在480MPa屈服强度限制下，支架断裂处侧面处尺寸正向变化为0.98mm，顶面尺寸正向变化为2.13mm，尺寸变化幅度在可接受范围内。

2. 支架优化后静力学分析

支架完成优化设计后，为了检验支架形状优化的可靠性，重新对支架进行静力学分析，将形状优化后的支架进行有限元建模，选用加转向节建模方法，重新对支架进行网格划分，材料属性与边界条件等都和优化之前一致，将建好的模型代入ABAQUS计算，得到的应力与位移云图结果如图3.21所示。

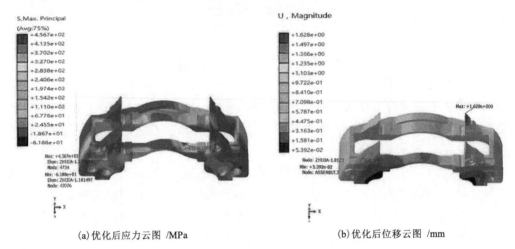

(a)优化后应力云图 /MPa　　　　　　　　(b)优化后位移云图 /mm

图 3.21　优化后支架应力应变云图

从图 3.21 可以看出，优化后支架的应力云图 3.21(a) 和位移云图 3.21(b) 的分布情况与优化前基本相同，最大应力与最大位移的位置也与优化之前相似。支架最大主应力依旧出现在支架较细拱的一端，值为456.7MPa，较优化之前的493.9MPa降低了7.5%，小于材料的强度极限800MPa以及屈服强度480MPa，强度满足要求。支架的最大位移出现在远离与转向节连接螺纹孔一侧支撑摩擦块金属衬块的立板尖角处，与优化之前位置一致，最大位移为1.628mm，较优化之前的1.673mm降低了2.7%，刚度满足要求。

3. 支架优化后疲劳分析

通过 OPTISTRUCT 对支架断裂处的形状进行优化后，使用 ABAQUS 对优化后的组件完成静力学计算，将应力计算结果文件导入 FEMFAT 进行疲劳分析，优化后的模型添加的所有分析条件参数均与之前的相同，得到优化后支架的疲劳分析结果，如图 3.22 所示。

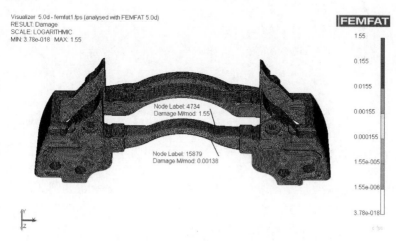

图 3.22　优化后支架疲劳分析损伤值云图

通过 40000 次循环变应力的作用，支架损伤值最大处与支架应力最大处基本一致，由于此处损伤值为 1.55，疲劳寿命=应力循环次数/损伤值=40000/1.55=25806.45 次，是优化之前疲劳寿命 4282.66 次的 6.03 倍，支架工作的可靠性有了很大的提高，符合工程实际的要求。

综合支架的静力学分析和疲劳分析结果，支架优化后在整体的失效机理上比优化之前有了一定的提升，所以支架优化的结果是可以接受的。

3.5　盘式制动器支架磨损特性

支架作为盘式制动器的重要组成部分，其凸台起到支撑定位摩擦块的作用，每进行一次制动，都伴随凸台与摩擦块衬块的一次磨损，如图 3.23 所示，一旦凸台磨损失效，将导致制动失效，造成安全事故的发生，因此，必须对盘式制动器支架进行磨损分析。本章首先针对制动器支架与摩擦衬块之间的磨损，建立支架磨损数值模型[12-15]，接着通过 ABAQUS 的用户子程序 UMESHMOTION 和 FORTRAN 进行联合仿真计算，最后对磨损结果变量参数进行分析研究。

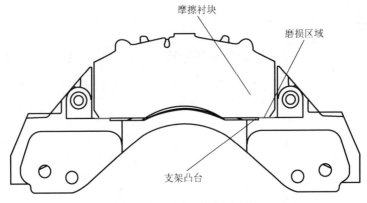

图 3.23　支架磨损示意图

3.5.1　支架磨损数值建模

1. 支架凸台与摩擦衬块网格模型

支架磨损模型包括摩擦衬块与支架凸台两部件，磨损示意如图 3.23 所示。在进行磨损数值分析时，在不影响数值分析结果且为了使计算结果更好的收敛，将支架凸台于摩擦衬块进行简化。摩擦衬块在磨损仿真中简化成长方体块，其截面尺寸为摩擦衬块与支架的所接触的底面平面尺寸，为16mm×9mm(长×宽)，厚度为3 mm。支架凸台在磨损仿真中也简化为长方体块，其截面尺寸为支架与摩擦衬块接触的凸台面平面尺寸，为19mm×25mm(长×宽)，厚度为3 mm。运用三维建模软件 UG 建立摩擦衬块与支架凸台的简化三维装配模型，摩擦衬块与支架凸台的装配关系为：以支架凸台为基准模型，摩擦衬块模型装夹在支架模型上，摩擦衬块长宽平面与支架长宽平面上下贴合，两个模型长度厚度平面一侧对齐，摩擦衬块长度方向伸出支架长度方向端 1mm，其余部分贴合在支架上。

使用有限元前处理软件 Hypermesh 对其进行网格划分，摩擦衬块与支架凸台简化模型网格类型均为六面体八节点单元 C3D8。摩擦衬块网格参数有节点数为18312，单元数为 14856。支架凸台网格参数有节点数为 13923，单元数为 11400。摩擦衬块材料为 20 钢，弹性模量为 2.13e5MPa，泊松比为 0.282，密度为 7.85 e-9 ton/mm³。支架材料为QT800-2，弹性模量为1.74e5MPa，泊松比为 0.27，密度为7.3e-9 ton/mm³。定义摩擦衬块与支架之间的摩擦接触行为，采用拉格朗日法描述摩擦衬块与支架凸台之间摩擦接触的法向行为，用罚函数定义其切向行为，摩擦系数采用通用系数 0.19，支架磨损有限元模型如图 3.24 所示。

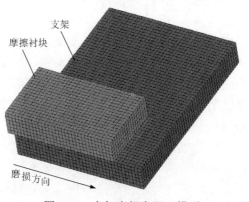

图 3.24　支架磨损有限元模型

2. 支架凸台与摩擦衬块磨损模型

摩擦衬块与支架凸台之间的摩擦为干摩擦，磨损机理为黏着磨损。固体干滑动磨损与材料硬度、相对滑动速度、接触压力等因素有关。摩擦衬块与支架之间的磨损模型采用 Archard 提出的广义线性磨损模型，该摩擦材料磨损模型可以表示为

$$\mathrm{d}h = K_E p \mathrm{d}s \tag{3.2}$$

式中，$\mathrm{d}h$ 为磨损深度增量，mm；K_E 为有量纲磨损系数，Pa^{-1}；p 为均匀接触压力，Pa；$\mathrm{d}s$ 为滑动距离，m。

定义有限小的时间增量值为 Δt，则对应的磨损深度增量为 Δh（mm），滑动距离增量为 Δs (mm)，假设 K_E 和接触压力 P 在有限小的时间内保持不变，则式(3.2)可变为

$$\Delta h = K_E p \Delta s \tag{3.3}$$

支架模型的磨损是一个准静态过程，采用有限元分析的后处理程序，利用 ABAQUS 有限元软件及其用户子程序 UMESHMOTION，通过线性迭代法来分析摩擦衬块与支架之间滑动过程的准静态问题，每进行一个迭代步，都伴随着摩擦面上节点的更新和网格的再划分，每个增量步都有一个角度增量，再计算摩擦面上节点的坐标和接触压力，相应增量步下的磨损深度通过显式欧拉积分公式获得，则第 j 个增量步下的总磨损深度为

$$h_j = h_{j-1} + K_E p \Delta s_j \tag{3.4}$$

式中，h_j 为第 j 个增量步下的总磨损深度，mm；h_{j-1} 为第 $j-1$ 个增量步下的总磨损深度，mm；Δs_j 为第 j 个增量步下的滑动距离增量，mm。

3. 支架凸台与摩擦衬块磨损边界条件确立

支架磨损的整个动作过程以支架为基准件，摩擦衬块在支架顶面进行长度方向

的往复平移，来模拟制动器制动过程中摩擦衬块在支架凸台面的动作过程。整个过程中，支架模型作为固定件，不发生运动，同时支架作为被磨损件，磨损行为在支架模型上发生体积和质量的变化。摩擦衬块作为运动件，产生运动行为，同时作为磨损件，不发生体积和质量的变化。

整个支架磨损计算模型共包括两个分析步：静态加载、平移磨损。在第一个分析步中，约束支架底面的 6 个自由度，作为固定条件，同时在摩擦衬块顶部施加制动力，以压力形式施加，数值为 63.16MPa。在第二分析步中，施以摩擦衬块长度方向为运动方向的平移，设置时间位移幅值参数数据，往复位移值设为 1mm，往复次数定为 5000 次，同时采用 ALE 自适应网格技术模拟磨损过程，其他边界条件与第一步相同。

3.5.2　支架磨损数值计算结果分析

在完成磨损计算后，需要对支架凸台在磨损中的一些结果参数进行研究，分析支架凸台接触面的磨损深度、磨损体积、应力分布以及接触特性的变化，为支架在以后的磨损过程中的失效机理作出指导性的参考。

1. 支架磨损深度分析

在长达 5000 次的磨损过程后,支架与摩擦衬块的接触表面产生了一定程度的磨损深度，从支架表面选取了 6 条路径来分析支架 5000 次磨损后的磨损深度。这 6 条路径分为横向 3 条路径与纵向 3 条路径，位置路径如图 3.25 所示。

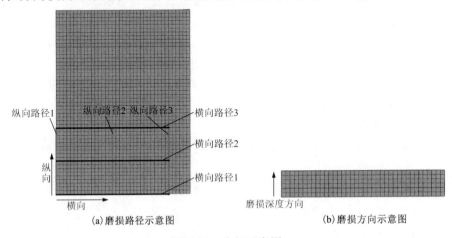

(a)磨损路径示意图　　　　　　　　　(b)磨损方向示意图

图 3.25　磨损示意图

如图 3.25(a) 所示，有横向路径 1、横向路径 2、横向路径 3、纵向路径 1、纵向路径 2、纵向路径 3，共 6 条路径。横向路径 1、纵向路径 1、横向路径 3 与纵向路径 3 为支架磨损区域的四条边界，横向路径 2 为磨损表面的横向中间位置，纵向路径 2 为磨损表面的纵向中间位置。分析支架凸台在横向路径和纵向路径的磨损过程中磨损深度的变化以及最终的磨损深度。

　　(1) 在每条横向路径中取 8 个等间距节点，观察 8 个节点的磨损深度随磨损次数的变化，如图 3.26 所示。

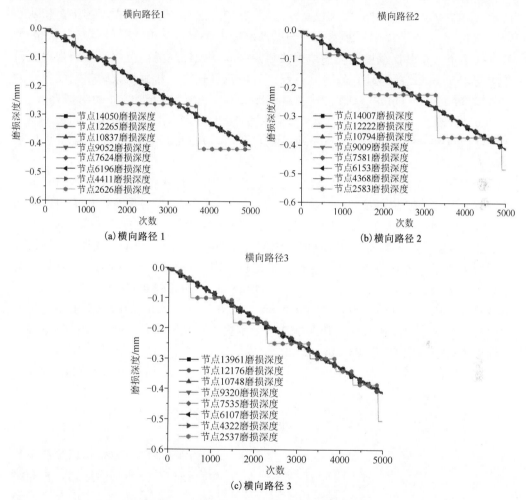

图 3.26　横向路径节点随次数变化的深度图

　　由图 3.26(a)、(b)、(c) 可以看到 3 个横向路径节点的磨损深度随磨损次数的变化。横向路径 1 上 8 个节点在路径上从左到右依次排列，节点号分别为 14050、12265、10837、9052、7624、6196、4411、2626，这 8 个节点磨损深度绝对值从初始到 5000 次磨损过程中不断变大。从 14050 号节点至 4411 号节点这 7 个节点磨损深度变化曲线很接近，基本呈线性增大趋势，彼此之间磨损深度值之间差异较小，磨损程度比较平均，在 5000 次磨损时，达到最大磨损深度分别为 −0.41035mm 、−0.40874mm 、−0.40969mm 、−0.40662mm 、−0.40677mm 、−0.40793mm 、−0.40793mm 。第 8 个节点 2626 的磨损深度整体呈变大趋势，但变化幅度值较大，在某些次数节点呈现跳跃式变化，在 5000 次磨损时，达到最大磨损深度为 −0.41728mm 。

　　横向路径 2 上 8 个节点在路径上从左到右依次排列，节点号分别为 14007、12222、10794、9009、7581、6153、4368、2583，这 8 个节点磨损深度绝对值从初始到 5000 次磨损过程中不断变大。与横向路径 1 相似，从 14007 号节点至 4368 号节点这 7 个节点磨损深度变化曲线很接近，基本呈线性趋势，彼此之间磨损深度值之间差异较小，磨损程度比较平均，在 5000 次磨损时，达到最大磨损深度分别为 −0.40673mm 、−0.40914mm 、−0.40958mm 、−0.41064mm 、−0.40877mm 、−0.40631mm 、−0.40779mm 。第 8 个节点 4368 的磨损深度整体呈变大趋势，但变化幅度值较大，在某些次数节点呈现跳跃式变化，在 5000 次磨损时，达到最大磨损深度为 −0.47936mm 。

　　横向路径 3 上 8 个节点在路径上从左到右依次排列，节点号分别为 13961、12176、10748、9320、7535、6107、4322、2537，这 8 个节点磨损深度绝对值从初始到 5000 次磨损过程中不断变大。与前面两条横向路径 1 与路径 2 相似，从 13961 号节点至 4322 号节点这 7 个节点磨损深度变化曲线很接近，基本呈线性趋势，彼此之间磨损深度值之间差异较小，磨损程度比较平均，在 5000 次磨损时，达到最大磨损深度分别为 −0.41113mm 、−0.40771mm 、−0.40887mm 、−0.41131mm 、−0.40859mm 、−0.41360mm 、−0.40689mm 。第 8 个节点 2536 的磨损深度整体呈变大趋势，但变化幅度值较大，在某些次数节点呈现跳跃式变化，在 5000 次磨损时，达到最大磨损深度为 −0.50362mm 。

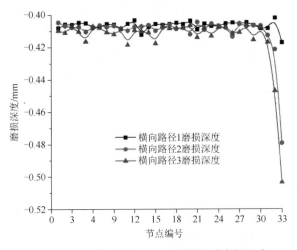

图 3.27　3 条横向路径 5000 次磨损时磨损深度

　　从左到右依次选取横向路径上所有节点，观察它们在 5000 次时的磨损深度，如图 3.27 所示。

　　图 3.27 所示为 3 条横向路径上所有节点在 5000 次磨损结束后的磨损深度。横向路径 1、横向路径 2 以及横向路径 3 上的节点的磨损深度都比较平均，有略微浮动偏差，只有在最后一个节点的磨损深度和前面相比有较大跳动，这节点与前面选取的 8 节点的最后一个节点号是一致的，在前面深度曲线中也有体现。3 个横向路径上节点

的磨损深度平均为 0.41mm，基本上所有节点磨损深度都在 0.41mm 上下浮动。

　　3 个横向路径节点磨损深度随次数的变化趋势基本上是一致的。前 7 个节点的磨损深度变化曲线基本呈线性关系，磨损深度在不断增大，在同次数时相对应的磨损深度值也十分接近，差异变化不大。第 8 个节点的变化幅度值较大，在某些次数节点呈现跳跃式变化，在同次数时相对应的磨损深度值差异相比前 7 个节点较大。在 5000 次制动磨损后，支架凸台 3 条横向路径磨损最终深度比较平均，有略微偏差。以上说明支架凸台在 5000 次的横向磨损过程中磨损比较平均，支架凸台基本没有出现纵向倾斜，但是磨损深度值需要引起注意，磨损深度值过大会导致摩擦衬块在两边支架凸台出现高度偏差，在以后制动过程中，支架的支撑底面和侧面受到的制动载荷会发现变化，支架整体的受力情况会产生不确定性，引起支架结构的破坏。

　　(2)在每条纵向路径中取 5 个等间距节点，观察 5 个节点的磨损深度随磨损次数的变化，如图 3.28 所示。

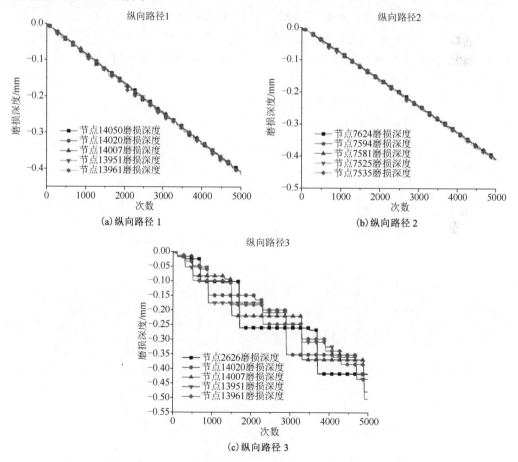

（a）纵向路径 1　　　　　　　　　（b）纵向路径 2

（c）纵向路径 3

图 3.28　纵向路径节点随次数变化的深度图

　　图 3.28(a)、(b)、(c)所示，纵向路径 1 上 5 个节点在路径上从左到右依次排列，节点号分别为 14050、14020、14007、13951、13961，这 5 个节点磨损深度绝对值从初始到 5000 次磨损过程中不断变大。从 14050 号节点至 13961 号节点这 5 个节点变化曲线很接近，基本呈线性趋势，彼此之间磨损深度值差异较小，磨损程度比较平均，在 5000 次磨损时，达到最大磨损深度分别为 −0.41035mm 、−0.40723mm 、−0.40673mm 、−0.41664mm 、−0.41113mm 。

　　纵向路径 2 上 5 个节点在路径上从左到右依次排列，节点号分别为 7624、7594、7581、7525、7535，这 5 个节点磨损深度绝对值从初始到 5000 次磨损过程中不断变大。与纵向路径 1 相似，从 7624 号节点至 7525 号节点这 5 个节点变化曲线很接近，基本呈线性趋势，彼此之间磨损深度值差异较小，磨损程度比较平均，在 5000 次磨损时，达到最大磨损深度分别为 −0.40677mm 、−0.40687mm 、−0.40877mm 、−0.40946mm 、−0.40859mm 。

　　纵向路径 3 上 5 个节点在路径上从左到右依次排列，节点号分别为 2626、14020、14007、13951、13961，这 5 个节点磨损深度绝对值从初始到 5000 次磨损过程中不断变大。与前面两个纵向路径 1、2 不同，从 2626 号节点至 13961 号节点这 5 个节点深度变化曲线形式很接近，磨损深度随次数变化幅度较大，在某些次数节点呈现跳跃式变化，在 5000 次磨损时，达到最大磨损深度分别为 −0.41728mm 、−0.41829mm 、−0.47936mm 、−0.43561mm 、−0.50362mm 。

　　从左到右依次选取纵向路径上所有节点，观察它们在 5000 次时的磨损深度，如图 3.29 所示。

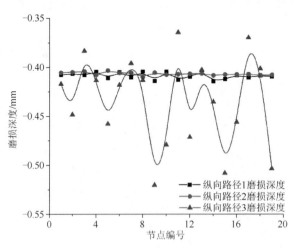

图 3.29　3 条纵向路径 5000 次磨损时磨损深度

图 3.29 所示为 3 条纵向路径上所有节点在 5000 次磨损结束后的磨损深度。纵向路径 1、纵向路径 2 上的节点的磨损深度都比较平均，约为 0.41mm，所有节点的磨损深度都在 0.41mm 上下浮动，与横向路径节点的磨损深度值一致。纵向路径 3 上节点的磨损深度跳跃较大，与前面 5 节点的纵向路径 3 随次数变化的磨损深度变化现象基本一致。纵向路径 3 上节点的磨损深度值平均为 0.45，与其他路径上的磨损深度值相差较大。

3 个纵向路径节点磨损深度变化曲线整体呈增高趋势。纵向路径 1 与纵向路径 2 的磨损深度变化曲线形式很接近，基本呈线性变化，磨损深度不断增加，在同次数时相对应的磨损深度值也十分接近，在 5000 次磨损过后的最终磨损深度也比较平均，偏差很小，均值为 0.41mm。纵向路径 3 的磨损深度变化曲线相比纵向路径 1、2 不同，它的曲线有较大的幅值跳跃，彼此间差异较大，在 5000 次磨损过后的最终磨损深度偏差也较大，磨损不均匀，且磨损深度较大达到 0.45mm。这种现象是由于纵向路径 3 此处的位置为摩擦衬块在支架上移动的极限位置，即接触与非接触交界处，制动将磨损形成的磨屑带到此处，导致更剧烈的摩擦，进而使得此处的磨损深度值增大且变化幅度较大，这也说明在盘式制动器制动过程中，应格外注意支架凸台摩擦交界处的磨损情况，一旦此处磨损不均匀或磨损过大，将导致摩擦块偏移或歪斜，造成制动失效。

2. 支架磨损体积分析

支架经过 5000 次磨损后，支架模型的整个体积发生减少，具体的磨损体积变化如图 3.30 所示。

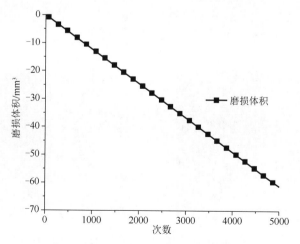

图 3.30　支架磨损体积随次数变化图

从图 3.30 可以看到，支架在经过 5000 次磨损之后，支架的磨损体积在变大，支架整体体积在整个过程中呈现线性减少现象。在 1000 次时，磨损体积为 12.174mm³；在 2000 次时，磨损体积为 24.424mm³；在 3000 次时磨损体积为 36.674mm³；在 4000 次时，磨损体积为 48.924mm³；在 5000 次时，磨损体积为 61.174mm³。整个数据拟合之后，得出一公式来近似描述支架被摩擦衬块磨损后的体积损失：

$$V = -0.01225N - C \tag{3.5}$$

式中，V 为支架的体积损失；N 为磨损次数；C 为体积修正系数，取值为 0.08798。

3. 支架磨损过程应力分析

由于支架材料为铸铁脆性材料，所以使用第一强度理论对支架凸台磨损过程中的应力进行分析校核。支架磨损总次数为 5000 次，在整个磨损过程中，取 8 个次数节点来观察支架磨损处的应力变化，这 8 个次数分别为施加载荷 0 次磨损时、400 次磨损时、1000 次磨损时、1500 次磨损时、2000 次磨损时、3000 次磨损时、4000 次磨损时、5000 次磨损时，如图 3.31 所示。

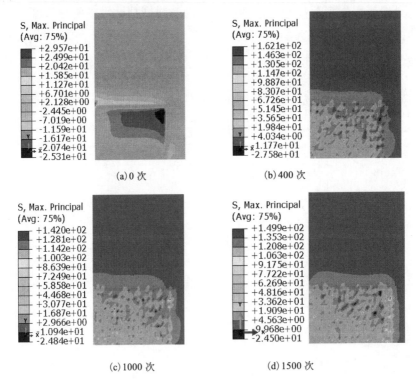

(a) 0 次　　　　　　　　　(b) 400 次

(c) 1000 次　　　　　　　　　(d) 1500 次

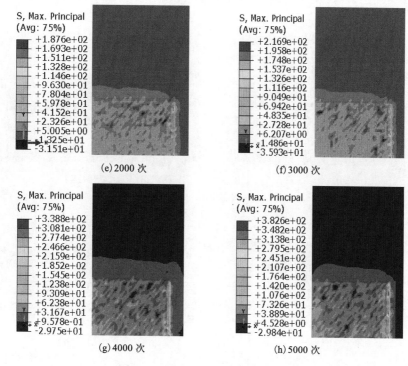

图 3.31　支架凸台磨损过程应力图

如图 3.31 所示，这 8 个次数的最大应力分别为 29.5MPa、162.1MPa、142.0MPa、149.9MPa、187.6MPa、216.9MPa、338.8MPa、382.6MPa。支架材料为 QT800，抗拉强度为 800MPa，支架在磨损过程中最大应力值为 382.6MPa，则强度安全系数为 1.3，满足强度要求，支架磨损区域不会出现应力破坏。从这 8 次不同的磨损次数中可以得出，在长达 5000 次的磨损过程中，支架凸台与摩擦衬块接触区域内的应力比较明显，集中分布此区域内。在初始阶段，应力值迅速增长，在 400 次到 1000 次时出现些许回落，之后应力值呈现稳步增长。总体上随着磨损次数的增加，区域应力值呈现逐渐增加的趋势，最大应力的位置一直向摩擦与非摩擦交界处移动，最终应力集中在摩擦与非摩擦交界处，这与磨损深度最大值出现的位置一致，说明此处不仅容易磨损，且容易形成高应力集中区，随着制动的持续进行，可能出现疲劳裂纹或疲劳磨损，进而造成支架失效，严重影响制动安全。

4. 支架磨损过程接触压力分析

在支架长达 5000 次的磨损过程中，同样取 8 个次数节点来观察支架磨损处的接触压力变化，这 8 个次数分别为施加载荷 0 次磨损时、400 次磨损时、1000 次磨损时、1500 次磨损时、2000 次磨损时、3000 次磨损时、4000 次磨损时、5000 次磨损时，如图 3.32 所示。

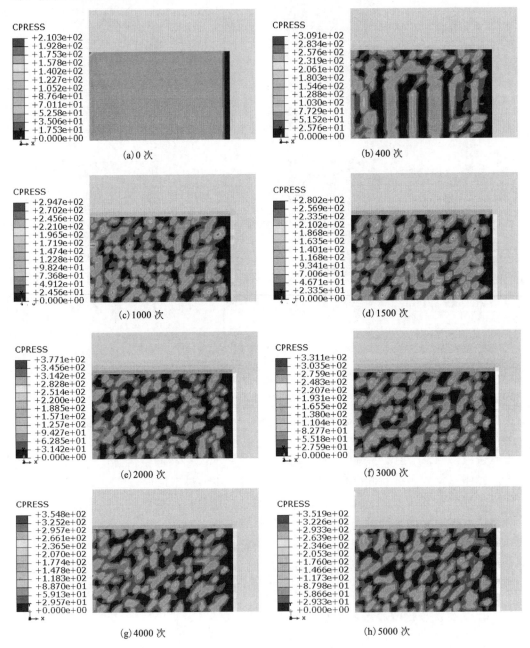

图 3.32　支架磨损过程接触压力图

由图 3.32 可以看到在所选的 8 个次数磨损节点处，支架磨损区域的接触压力最大分别为 210.3MPa 、309.1 MPa 、294.7MPa 、280.2 MPa 、354.8 MPa 、351.9 MPa 、377.1 MPa 、 331.1 MPa 。如图 3.32(a) 所示，在初始施加静态载荷无磨损时，凸台表面比较平整，接触压力在整个凸台表面分布均布。随着支架开始磨损，在 400 次时，凸台表面接触压力出现明显变化，增长迅速，形成整齐的纵条间隔分布，这是因为随着磨损的开始，支架凸台的接触面积在变小，如图 3.33 所示。如图 3.32(c)(d)(e)(f)(g)(h) 所示，随着磨损次数的增加，支架凸台磨损加剧，最大接触压力不断攀升，支架凸台表面的接触压力形成了密布散点式分布，在 1000 次到 5000 次之间这种分布形式比较稳定。接触面积在此段磨损过程中也逐渐保持稳定，一直在 40mm² 上下浮动，如图 3.33 所示。以上凸台接触压力和接触面积分布符合黏着磨损的特征，黏着磨损就是两个平坦的表面干摩擦接触，开始界面之间的微凸体相互接触，形成滑动时会使对应接触点产生剪切力，造成接触点一侧的碎片被剥离后黏着到另一侧上。当继续滑动时，这些碎片就会从刚才黏着的接触点另一侧表面脱落，又会转移到原先的一侧表面上，所以凸台整个磨损过程中就伴着无数的微凸体，接触压力成密布散点式分布，接触面积后期在某一值上下浮动。

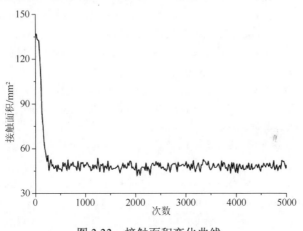

图 3.33   接触面积变化曲线

参 考 文 献

[1] Palmer E, Mishra R, Fieldhouse J. An optimization study of a multiple-row pin-vented brake disc to promote brake cooling using computational fluid dynamics[J]. Proc. IMechE Part D: J.Automobile Engineering, 2009, 223 (7) : 865-875.

[2] Francesco M, Yves B. Baillet Laurent Contact surface topography and system dynamics of brake squeal [J]. Wear, 2008, 265:1784-1792.

[3] Chengal Reddy V, Gunasekhar Reddy M, Harinath Gowd dr G. Modeling and analysis of FSAE car disc brake using FEM [J]. International Journal of Emerging Technology andAdvanced Engineering, 2013, 3(9):383-389.

[4] Sowjanya K, Suresh S. Structural analysis of disc brake rotor [J]. International Journal of Computer Trends and Technology, 2013, 4(7):2295-2298.

[5] Bagnoli F, Dolce F, Bernabei M. Thermal fatigue cracks of fire fighting vehicles gray iron brake discs [J]. Engineering Failure Analysis, 2009, 16:152-163.

[6] Kim D J, Lee Y M, Park J S, et al. Thermal stress analysis for a disk brake of railway vehicles with consideration of the pressure distribution on a frictional surface [J]. Materials Science & Engineering, 2008, 483-484: 456-459.

[7] 张建，谭雪龙，等. 24.5 吋盘式制动器关键零部件有限元分析[C]. 中国客车学术论文集, 201,(1):153-157.

[8] 刘闯，苏小平，王宏楠. 基于 HyperMesh 的盘式制动器有限元分析[J]. 机械科学与技术,2014(04)：89-93.

[9] 何亚峰. 基于有限元技术的汽车盘式制动器性能研究[J]. 机械传动, 2012,3:84-86.

[10]Yuan Y. An Eigenvalue Analysis Approach to Brake Squeal Problems[C]. Proceedings of the Dedicated Conference on Automotive Braking Systems[J], 29th ISATA,　Florence, Italy, June, 1996.

[11] Sowjanya K, Suresh S. Structural analysis of disc brake rotor [J]. International Journal of Computer Trends and Technology, 2013, 4(7):2295-2298.

[12] Bagnoli F, Dolce F, Bernabei M. Thermal fatigue cracks of fire fighting vehicles gray iron brake discs [J]. Engineering Failure Analysis, 2009, 16:152-163.

[13] Kim D J, Lee Y M, Park J S, et al. Thermal stress analysis for a disk brake of railway vehicles with consideration of the pressure distribution on a frictional surface [J]. Materials Science & Engineering, 2008, 483-484: 456-459.

[14] 张建，姚凯，谭雪龙，等. 盘式制动器支架磨损数值分析与试验验证[J]. 机械设计与制造, 2016,(4).

[15] Yildiz Y, Duzgun M. Stress analysis of ventilated brake discs using the finite element Method[J]. International Journal of Automotive Technology, 2010，11(1)：133-138.

第 4 章　盘式制动器热机耦合研究

盘式制动器的工作过程伴随着温度场与应力场的高强度耦合，制动盘与摩擦片在滑动摩擦过程中产生的摩擦热使制动盘温度升高，在其表面形成不均匀的温度场，这种不均匀的温度场又使摩擦副的接触状态发生变化，造成接触压力改变，接触压力的变化会导致制动盘表面局部温升过高，加剧温度梯度变化，接触压力不均匀分布更加明显。因此，制动过程中的每一时刻都是温度-应力-接触压力变化的共同作用结果，引起了越来越多研究者的广泛关注。

本章首先进行盘式制动器的热机耦合温度场试验，其次，采用非线性有限元分析软件 ABAQUS，分别建立紧急制动和连续制动工况下盘式制动器摩擦副的热-机耦合有限元分析模型，并利用热机耦合试验验证热机耦合有限元模型及数值模拟过程的正确性，研究制动盘表面温度与应力的分布规律，一方面为制动盘的散热设计提供理论参考，另一方面为热摩擦磨损仿真提供边界。

4.1　热机耦合试验研究

通过盘式制动器热机耦合试验，测量制动过程中制动盘表面温度变化规律，从而验证热机耦合数值计算模型的正确性。

4.1.1　温度测量方法

在盘式制动器制动过程中，尤其是连续制动时，制动盘摩擦面上的瞬时高温可能会超过 650℃，并且形成特别高的温度梯度[1,2]。由于高温和温度梯度变化非常迅速，且分布不均匀，集中程度高，如果想得到某一瞬间制动盘表面的温度大小及分布，必须采用反应敏捷，而且能够同时记录多点温度的测量方法。目前，常用的温度测量方法有热电偶测量法[3]和红外热像仪测量法[4]。

热电偶测量温度的原理是在距离制动盘表面的一定深度处埋入热电偶，利用热电偶来测量温度的，它属于接触式测量，优点是精度高，但是由于受到热电偶埋入位置和测量点数量的限制，很难反映出整个制动盘表面的温度分布情况。

红外热像仪测量法无需与被测物体接触，不会破坏掉被测物体的温度场，且反应快，操作简单，安全可靠，可以实现温度的实时测量和自动控制。更重要的是它可以根据物体不同部位的红外辐射特性，利用热成像系统将其以可见光图像的形式显示[5]。因此，本文采用红外热像技术测量制动过程中摩擦盘面的温度分布。

4.1.2　试验设备与内容

　　热机耦合试验在江苏恒力制动器制造有限公司的 1:1 惯性试验台上完成，如图 4.1(a)所示，1:1 惯性试验台是专门用于模拟实车制动过程的试验设备，能完成各种车型的盘式制动试验；所采用的红外热像仪型号为 NEC Thermo GEAR G100EX，其温度测量范围为 –40～1500℃，温度分辨率为 0.04℃，数据采集频率为 30Hz，试验时将其平均发射率设为 0.75。

　　热机耦合试验共包含两个测量内容：一是紧急制动温度测量，只测量单次制动的摩擦界面温度；二是连续制动温度测量，测量 10 次重复制动的摩擦界面温度，每次制动之间间隔 25s。试验时，首先将 24.5 时盘式制动器装到惯性台架试验台中，对制动器气室施加 1.2MPa 压力，设置制动盘初速度为 60km/h，减速度为 –4.5m/s²，单次制动时间为 3.7s，利用红外热像仪进行实时温度测量，试验现场如图 4.1(b)所示。

(a) 1:1 惯性试验台　　　　　　　　　　　(b) 试验现场

图 4.1　热机耦合温度场测试现场

4.1.3　试验结果与分析

1. 紧急制动温度测量结果分析

　　图 4.2 所示为紧急制动工况下，1.2s 和 3.7s 时制动盘摩擦表面的温度数值及分布图，由图中可以看出，1.2s 时制动盘面温度呈环带状分布，高温集中在摩擦环附近，制动盘面最高温度为 227.5℃；3.7s 时制动盘面温度也呈现带状分布，但较 1.2s 时高温区较小较集中，更容易形成局部高温热点，制动盘面最高温度为 215.6℃。

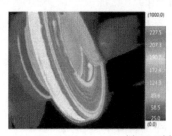 

(a) 1.2s 时制动盘表面温度分布

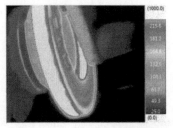

(b) 3.7s 时制动盘表面温度分布

图 4.2　紧急制动温度测量结果

2. 连续制动温度测量结果分析

图 4.3 所示为连续制动工况下，28.7s 和 262s 时制动盘摩擦表面的温度数值及分布图，由图中可以看出，28.7s 为第一次制动结束的时间，制动盘面温度呈环带状分布，高温集中在摩擦环附近，制动盘面最高温度为 80.1°C；262s 为第十次制动结束的时间，制动盘面温度也呈现带状分布，高温区面积较大，制动盘面最高温度为454.5°C。

(a) 28.7s 时制动盘表面温度分布

(b) 262s 时制动盘表面温度分布

图 4.3　连续制动温度测量结果

4.2　热机耦合理论模型建立

4.2.1　盘式制动器三维模型建立

如图 4.4 所示，盘式制动器总成主要由制动盘、摩擦片、钳体、支架和杠杆等多个部件组成，若热机耦合有限元仿真模型中包括制动系统的所有部件，则计算量和计算难度将会大大增加，因此在建立盘式制动器热机耦合分析模型时，只考虑制动盘和摩擦片两者的关系。由于制动盘和摩擦片在结构和热传导上均具有对称性，因此只取制动盘和摩擦片的一半模型组成摩擦副，对其进行热机耦合分析，如图 4.5 所示。

图 4.4　盘式制动器系统结构图　　　　　图 4.5　制动盘与摩擦片几何及网格模型

除上述结构简化以外，由于盘式制动器制动过程还涉及材料氧化、变形震动、摩擦磨损等，因此在热机耦合仿真最大限度满足实际制动条件下，对热机耦合有限元模型作出以下假设：

(1) 忽略制动过程中有可能出现的车轮抱死情况，假设车轮作纯滚动；

(2) 制动压力保持恒定，并均匀分布在摩擦片上；

(3) 制动盘散热以热对流和热传导为主，忽略热辐射的影响；

(4) 制动盘动能全部转化为摩擦热，并以热流分配方式传递到制动盘和摩擦片。

4.2.2　盘式制动器有限元模型建立

如表 4.1 所示，根据 24.5 吋制动盘和摩擦片的实际结构尺寸，利用三维建模软件 UG 建立其一半的三维模型，运用 Hypermesh 软件对制动盘和摩擦片进行网格划分，由于盘式制动器热机耦合的高度非线性，需要进行反复的迭代计算，为了能够收敛，网格疏密程度必须适中，本模型共包含 15781 个单元和 78870 个自由度，单元类型采用六面体八节点热力耦合单元 C3D8T，以保证计算精度；计算时，制动盘材料为珠光体灰铸铁 HT250，摩擦片材料为树脂基复合摩擦材料，制动盘密度为 7220kg/m³，泊松比为 0.3；摩擦片密度为1550kg/m³，泊松比为 0.25，计算分析所需的其他材料参数如表 4.2、表 4.3 所示；制动盘与摩擦片间的摩擦系数如 5.1 节盘式制动器摩擦材料分析与试验研究中的表 5.2 所示。

表 4.1　摩擦副尺寸

制动副	外径/mm	内径/mm	厚度/mm	包角/(°)
制动盘	470	256	45	360
摩擦片	470	280	20	60

表 4.2　制动盘的热物理性能参数

温度 /℃	热传导系数 k_d / (w·m⁻¹·k⁻¹)	比热 c_d / (j·kg⁻¹·k⁻¹)	热膨胀系数 α_d / (10⁻⁶k⁻¹)	弹性模量 E/GPa
25	42.38	503	4.39	125
100	43.06	516	5.67	120
200	43.59	525	8.56	120
300	44.23	530	11.65	114
400	43.87	542	12.84	110
500	44.89	551	13.58	105
600	45.34	563	14.95	95
700	45.68	587	15.35	90
800	46.01	611	16.06	90

表 4.3　摩擦片的热物理性能参数

温度 /℃	热传导系数 k_d / (w·m⁻¹·k⁻¹)	比热 c_d / (j·kg⁻¹·k⁻¹)	热膨胀系数 α_d / (10⁻⁶k⁻¹)	弹性模量 E/GPa
25	0.9	1200	10	2.2
100	1.1	1250	12.35	1.9
200	1.1	1295	14.6	1.8
300	1.2	1320	16.73	1.5
400	1.15	1336	18	1.3
500	1.21	1386	24.23	0.9
600	1.3	1420	28.62	0.9
700	1.36	1438	30	0.53
800	1.37	1550	32	0.32

4.2.3　边界条件确定

1. 热边界条件

热量的耗散主要包括热传导和热对流，由于盘式制动器主要为制动盘散热，因此在热边界条件分析时，本文主要针对制动盘，由于摩擦片是固定的，因此采用自然对流换热边界条件施加在非工作表面，制动盘的对流换热边界条件将在 4.3 节中具体讨论，制动盘和摩擦片之间的热传导分析如下：

盘式制动器摩擦制动的实质，从宏观上看是通过摩擦阻力来控制摩擦副相对运动速度的，从微观上看是将机械能转化为热能，这过程遵循能量守恒定律。

摩擦制动过程中，摩擦副产生的热量主要由三部分组成[6]：一是摩擦副材料黏结和断裂而产生的热量；二是摩擦区域及附近材料发生塑性变形形成的热量；三是摩擦材料发生热分解而产生的热量。这些热量存在于摩擦材料表层内，然后通过相互接触传递到其他部件，是一体积热流，而不是表面热量，且不是恒定不变的，它既取决于摩擦表面温度，又决定于该热流在摩擦副的分配机制。

关于摩擦热流的大小，大多数研究者都是利用制动力或者制动力矩的变化来推导的，摩擦接触面上产生的摩擦热流 Q 可以表示为[7]

$$Q = C_0 \int_{t_1}^{t_2} \int_A \mu(T^*) p(r,\theta,z,t) v(r,\theta,z,t) \mathrm{d}A \mathrm{d}t \tag{4.1}$$

式中，C_0 为机械功热当量，J；$\mu(T^*)$ 为摩擦系数；T^* 为特征温度，℃；p 为接触压力，Pa；A 为接触面积，m^2；t 为时间，s；r 为节点径向坐标。

由式(4.1)可得摩擦副平均的热流密度 q 为[8]

$$q(r,t) = \mu \cdot p(r,t) \cdot v(r,t) \cdot r = \mu \cdot p(r,t) \cdot \omega(t) \cdot r = q_\mathrm{d} + q_\mathrm{f} \tag{4.2}$$

式中，r 为制动半径，m；ω 为制动盘角速度，rad/s；q_d、q_f 分别为制动盘的热流密度和摩擦片的热流密度，W/m^2。

假设摩擦副的接触是均匀的，即 $p(r,t) = p(t)$，当作用在摩擦片上的制动压力为 p 时，则摩擦副实际承受的压力表达式为

$$p(t) = p\left(1 - \mathrm{e}^{-\beta \frac{t}{t_\mathrm{s}}}\right) \tag{4.3}$$

式中，t_s 为制动总时间，s；β 为制动器的结构参数。

盘式制动器制动过程中，制动盘的角加速度可表示为

$$\xi(t) = \frac{\omega(t) - \omega_0}{t} = \frac{M(t)}{I} \tag{4.4}$$

式中，ω_0 为初始角速度，rad/s；I 为转动惯量，kg·m^2；$M(t)$ 为制动力矩，N·m。

盘式制动器的制动力矩为

$$M(t) = 2\mu \cdot p(t) \cdot A \cdot R \tag{4.5}$$

式中，A 为单个摩擦片接触面积，m^2；R 为平均制动半径，m。

联立式(4.3)～式(4.5)，制动盘角速度表达式为

$$\omega(t) = \omega_0 - \frac{2\mu pARt}{I}\left(1 - \mathrm{e}^{-\beta\frac{t}{t_\mathrm{s}}}\right) \tag{4.6}$$

当制动结束时，$t = t_\mathrm{s}$，$\omega(t) = 0$，则根据式(4.6)可算得结构参数 β，然后再计算式(4.3)。

将式(4.2)、式(4.3)和式(4.6)联立起来，即可得到摩擦副的平均热流密度：

$$q(r,t) = \mu pr\left(1 - \mathrm{e}^{-\beta\frac{t}{t_\mathrm{s}}}\right)\left[\omega_0 - \frac{2\mu pARt}{I}\left(1 - \mathrm{e}^{-\beta\frac{t}{t_\mathrm{s}}}\right)\right] \tag{4.7}$$

针对摩擦片与制动盘的热流分配问题，已经进行了大量的分析[9-11]，总结起来有两种方法：一是热流分配系数方法，由 Carslaw 提出，将摩擦副的热流按照比例方式分配；二是热生成理论，认为摩擦热流在接触表面以下的一定厚度内产生，本文采用第一种方法，设摩擦副的总热流密度为 q，分配到摩擦片和制动盘的为 q_f 和 q_d，则

$$q = q_\mathrm{f} + q_\mathrm{d} \tag{4.8}$$

由文献[12,13]可得热流分配系数 γ 的表达式为

$$\gamma = \frac{q_\mathrm{d}}{q_\mathrm{f}} = \left(\frac{k_\mathrm{d}c_\mathrm{d}\rho_\mathrm{d}}{k_\mathrm{f}c_\mathrm{f}\rho_\mathrm{f}}\right)^{\frac{1}{2}} \tag{4.9}$$

代入制动盘和摩擦片的相关数据可求得

$$\gamma = 9.6 \tag{4.10}$$

因此，输入到摩擦片中的热流比例为

$$f_f = \frac{1}{1+\gamma} = 0.1 \tag{4.11}$$

2. 位移边界条件

为了准确模拟盘式制动器的制动过程，将制动盘的内圈定义为运动耦合约束 (Coupling)，约束参考点设置在制动盘圆心处，摩擦片与制动盘之间采用面-面接触，采用拉格朗日法描述对偶件间摩擦接触的法向行为，罚函数约束对偶件间摩擦接触的切向行为，将制动过程分为两个分析步：静态加载和旋转。第一个分析步中，在摩擦片上表面施加恒定压力 $P = 3.426\mathrm{MPa}$，并约束其面内自由度($U_1 = U_2 = 0$)，对制动盘对称平面上除内圈以外所有节点进行对称约束($U_3 = 0$)，再约束制动盘内圈参考点的所有自由度；第二个分析步中，除释放制动盘内圈参考点的轴向旋转自由

度外，其余位移边界条件与工况一相同，根据热机耦合试验可知，紧急制动工况时，制动盘的初速度为60km/h，制动时间为 3.7s；连续制动工况为 10 次制动，每次制动间隔为 25s。

4.3　对流换热系数计算方法研究

盘式制动器作为能力转化器，将汽车行驶动能转化为摩擦热能，在制动盘和摩擦片中进行热传导，最后通过对流换热和辐射散热的方式传递到空气中，其中对流换热量约占总散热量的 80%[12]。因此，在盘式制动器热机耦合行为的研究过程中，如何确定制动盘各散热面的对流换热系数显得尤为重要。

制动盘盘面对流换热系数的大小表示对流换热程度的强弱，从其单位 $W/m^2 \cdot {}^\circ C$ 上可以看出，影响因素主要有散热面的几何形状、空气的流动状态和温度、制动盘的转速和温度。目前，关于对流换热系数的求解方法主要有数学解析法和数值模拟法两种[13]，且大多数学者都采用数学解析法，如苏海赋[14]、农万华[15]、丁群[16]、陈德玲[17]等运用解析法研究制动盘表面对流换热系数大小，通过经验公式计算出盘面平均对流换热系数；王国林运用数值模拟法，提出采用 CFD 软件确定轮胎在不同温度下的对流换热系数，并进行了试验验证[18]，以上都为计算制动盘对流换热系数提供了参考。

4.3.1　基于解析法的对流换热系数

由 4.2.3 节热边界条件分析可知，制动盘属于强制对流换热，摩擦片属于自然对流换热，施加在各自的非摩擦面上。

1. 强制对流换热

由于盘式制动器安装在相对封闭的空间内，所以将制动盘表面等效为流体外掠平板[19]，其公式为

$$h_d = \begin{cases} 0.70(k_a/D)\mathrm{Re}^{0.55}, & \mathrm{Re} \leqslant 2.4 \times 10^5 \\ 0.04(k_a/D)\mathrm{Re}^{0.8}, & \mathrm{Re} > 2.4 \times 10^5 \end{cases} \qquad (4.12)$$

式中，k_a 为空气的导热系数，为 $0.0276 w \cdot m^{-1} \cdot K^{-1}$；$D$ 为制动盘的外直径，mm；Re 为雷诺数，$\mathrm{Re} = \omega R \rho_a d_0 / u_a$，其中 ω 为制动盘的角速度，rad/s；R 为轮胎滚动半径，mm；ρ_a 为空气密度，为 $1.13kg/m^3$；u_a 为空气动力黏度，为 $1.91kg/m \cdot s$。

代入具体数据计算得

$$h_d = \begin{cases} 7.839\omega^{0.55}, & 0 < \omega \leqslant 17.14 \\ 4.873\omega^{0.8}, & \omega > 17.14 \end{cases} \qquad (4.13)$$

为了将对流换热系数转换成 ABAQUS 中的幅值曲线，需要将其转换为与时间的曲线，代入角速度方程 $\omega = 33 - 8.911t\left(0 < t \leqslant 3.7s\right)$，再拟合成直线，如图 4.6 所示。

$$h = 79.93 - 17.526t \quad \left(0 < t \leqslant 3.7s\right) \tag{4.14}$$

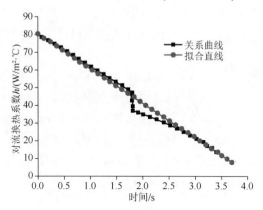

图 4.6　制动盘对流换热系数

2. 自然对流换热

对于静止的摩擦片以及制动结束或制动间隔时的制动盘，根据文献[19]可知其对流换热系数为

$$h_{d} = \frac{Nu_{a}k_{a}}{L_{c}} \tag{4.15}$$

式中，$Nu_{a} = 0.197\left(G_{r\delta}P_{r\delta}\right)^{-1/4}\left(H / \delta\right)^{-1/9}$ 为空气谢努尔数；L_{c} 为制动盘直径，mm；$G_{r\delta}$ 为格拉晓夫数，$G_{r\delta} = g\alpha_{v}\Delta T\delta^{3} / v^{2}$；$g$ 为重力加速度，kg/m^{2}；α_{v} 为气体膨胀胀系数，$\alpha_{v} \approx 1 / T$；ΔT 为制动盘表面与环境温度差值，℃；v 为空气的运动黏度；$P_{r\delta}$ 为空气的普朗特数；H、δ 分别为有限空间的高度和宽度，mm。

代入相关数据可计算得

$$h_{d} = 5.3W/m^{2} \cdot ℃ \tag{4.16}$$

4.3.2　基于 ANSYS CFD 的对流换热系数

对于以上利用解析法求得的对流换热系数，都是将制动盘表面等效为流体外掠平板，不仅结果的计算精度难以保证，且只能求得盘面平均对流换热系数，无法综合考虑盘面温度、速度、节点位置对对流换热系数的影响，为此，以下将采用 ANSYS CFD 软件对制动盘表面对流换热系数进行模拟。

如图 4.7 所示，为制动盘和空气域的网格模型，方形几何体为空气域（FLUID），空气域两侧面分别为空气进出口，制动盘（SOLID）位于空气域内部，并在空气域内

图 4.7　制动盘与空气域网格模型

旋转，为避免方形几何体壁面对空气流场产生干涉影响，设计空气域的大小为制动盘的 5 倍，制动盘与空气域的网格模型在 ANSYS 中的 ICEM CFD 模块划分，单元类型为四面体，其中制动盘实体单元数为 21711 个，空气域单元数为 154260 个。

应用 ANSYS 中的 FLUENT 模块，采用 k-ω 模型。设置空气域的入口速度、自由出口和壁面，设定空气入口速度为制动盘转速，如表 4.4 所示。设置空气域温度为 20℃，制动盘温度为 100℃、200℃、300℃、400℃、500℃、600℃，对制动盘进行瞬态仿真分析，通过计算制动盘面的温度变化和热流密度，得到不同制动时刻盘面的对流换热系数大小。

表 4.4　不同制动时刻制动盘转速

时间/s	0	0.62	1.23	1.85	2.47	3.09	3.40	3.70
速度/ (km/h)	60	50	40	30	20	10	5	0
角速度/ (rad/s)	33	27.5	22	16.5	11.01	5.5	2.75	0

1. 温度对对流换热系数的影响

盘式制动器在整个制动过程中，由于摩擦生热与对流换热交替占据主导作用，温升呈锯齿形变化，变化幅度为 40℃左右，因此首先研究相同转速下，盘面温度对对流化热系数的影响规律。表 4.5 为当制动盘转速为 16.5rad/s 时，制动盘面在不同温度下的对流换热系数，可得盘面温度在 100℃、200℃、300℃、400℃、500℃、600℃下，其对流换热系数变化微乎其微，变化幅度小于 0.01%，原因是由于盘面温度升高，热流密度随之增大，从而导致对流换热系数变化很小。因此，在研究不同制动时刻的盘面对流换热系数时，可将初始盘面温度设置为定值进行仿真，同时在仿真过程中也可忽略温度浮动变化，且不会影响计算结果。

表 4.5　16.5rad/s 不同温度的盘面对流换热系数

温度/℃	100	200	300	400	500	600
对流换热系数/ (W / m² · ℃)	44.59	44.54	44.55	44.53	44.53	44.52

2. 速度对对流换热系数的影响

图 4.8 所示为不同角速度下制动盘表面节点对流换热系数沿盘面周向和径向变化规律，其中散点表示制动盘表面网格节点的对流换热系数，同一横坐标下，即径

向位置相同时的散点表示对流换热系数周向分布;曲线代表对流换热系数径向分布。

由图 4.8 整体可以看出, 对流换热系数随着转速的增大而不断增大, 说明制动盘转速对对流换热系数的影响较大, 转速较低时, 制动盘周围的空气流速较低, 因此对流换热系数相对较小。同理, 转速较高时, 对流换热系数相对较大。

由图 4.8(a)可以看出, 在盘式制动器制动角速度为 0.55rad/s 时, 对流换热系数随制动盘表面节点径向位置变化不大, 近似呈一条直线, 当径向位置相同时, 即同一径向坐标下, 对流换热系数的周向分布跳动幅度也较小, 这说明了在速度很低时, 制动盘周围空气流速较慢, 整个制动盘表面节点的对流换热系数分布均匀, 径向和周向影响不大, 其平均对流换热系数为 $9.06\mathrm{W}/\mathrm{m}^2 \cdot {}^{\circ}\mathrm{C}$; 图 4.8(b)所示为盘式制动器制动角速度为 2.75rad/s 时制动盘表面节点的对流换热系数沿径向及周向分布规律, 由对流换热系数变化趋势可知,制动盘内径和外径处的对流换热系数大于中间位置, 外径处的对流换热系数大于内径处, 原因是制动盘内外径处的空气流动速度大, 且在盘径外端部处的流动速度更大, 有利于制动盘对流换热, 同一径向坐标下, 节点对流换热系数的周向分布跳动幅度较 0.55rad/s 有所增大, 由图 3.5(c)～(f)可知, 速度越大, 对流换热系数周向分布跳动幅度越大, 原因是一方面速度越大, 空气流动速度越大, 制动盘散热越快, 另一方面周向节点处在迎风面和背风面的不同位置, 迎风面空气的流动速度大于背风面的空气流动速度, 因此, 迎风面的温度变化较大, 其对流换热系数大于背风面,这也从侧面验证了制动盘速度对对流换热系数的影响, 制动盘角速度为 2.75rad/s 时, 盘面平均对流换热系数为 $22.78\mathrm{W}/\mathrm{m}^2 \cdot {}^{\circ}\mathrm{C}$。

图 4.8(c)～(f)中对流换热系数沿径向与周向分布规律与图 4.8(b)相同, 原因也是一致的, 制动盘角速度为 5.5rad/s、11.01rad/s、16.5rad/s、22rad/s、27.5rad/s 及 33rad/s 时, 盘面平均对流换热系数分别为 $23.67\mathrm{W}/\mathrm{m}^2 \cdot {}^{\circ}\mathrm{C}$、$31.44\mathrm{W}/\mathrm{m}^2 \cdot {}^{\circ}\mathrm{C}$、$44.63\mathrm{W}/\mathrm{m}^2 \cdot {}^{\circ}\mathrm{C}$、$67.15\mathrm{W}/\mathrm{m}^2 \cdot {}^{\circ}\mathrm{C}$、$75.69\mathrm{W}/\mathrm{m}^2 \cdot {}^{\circ}\mathrm{C}$ 和 $84.65\mathrm{W}/\mathrm{m}^2 \cdot {}^{\circ}\mathrm{C}$。

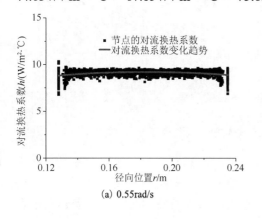

(a) 0.55rad/s

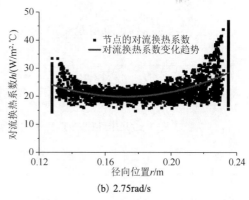

(b) 2.75rad/s

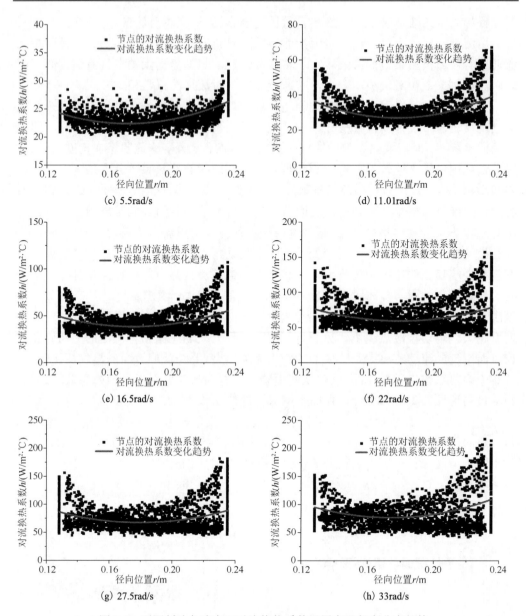

图4.8　不同制动角速度下对流换热系数沿周向及径向分布规律

由以上分析可知，低转速时，盘面不同处的对流换热系数变化幅度不大，基本相等；高转速时，盘面最大半径处的对流换热系数变化幅度明显大于盘面小半径处对流换热系数的变化幅度，说明高转速时，速度和节点位置对盘面对流换热系数影响较大。

4.3.3　求解结果对比分析

通过分别运用解析法和仿真法对盘面对流换热系数进行分析可知，仅通过经验公式求解的盘面平均对流换热系数，忽略了盘面转速和节点位置的影响，与盘面实际各处的对流换热系数存在一定悬殊，因此，在对盘式制动器进行热机耦合分析时，单用经验公式计算盘面的平均对流换热系数是不可取的。

表 4.6 为不同制动时刻对流换热系数解析值与仿真值的对比，由表中数据可知，制动盘转速越大，周围空气流动速度越大，其对流换热系数也越大；由解析值与仿真值的对比可知，仿真求解的平均对流换热系数基本大于解析值，原因是经验公式求解中，空气流动和热传导都为理想状态，且忽略了迎风面和背风面的影响；当制动盘角速度大于 27.5rad/s 时，盘面平均对流换热系数仿真值与解析值的误差小于 8.7%，满足误差要求，当制动盘角速度小于 27.5rad/s 时，盘面平均对流换热系数仿真值与解析值之间的误差较大，大于

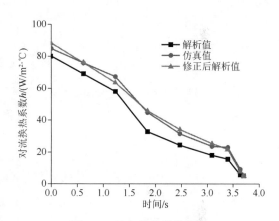

图 4.9　对流换热系数变化

误差限制 10%，因此，为使经验公式在计算盘面平均对流换热系数时更精确，提出对经验公式(4.13)进行修正，当制动盘角速度小于或等于 17.14rad/s 时，根据上述计算结果给出修正系数 1.1，当制动盘角速度大于 17.14rad/s 时，给出经验公式修正系数 1.4。修正前后的解析值与仿真值的对比如图 4.9 所示，由图中可以很直观地看出，修正后的解析值与仿真值更贴合，满足误差要求，则修正后的经验公式为

$$h_{\mathrm{d}} = \begin{cases} 10.974\omega^{0.55}, & 0 < \omega \leqslant 17.14 \\ 5.361\omega^{0.8}, & \omega > 17.14 \end{cases} \tag{4.17}$$

表 4.6　不同制动时刻对流换热系数解析值与仿真值对比

时间/ s	0	0.62	1.23	1.85	2.47	3.09	3.4	3.64	3.7
角速度/ (rad/s)	33	27.5	22	16.5	11.01	5.5	2.75	0.55	0
解析 h /(W / m² · ℃)	79.93	69.07	57.77	32.63	24.39	18.02	15.54	5.64	5.3
仿真 h /(W / m² · ℃)	84.65	75.69	67.15	44.63	31.44	23.67	22.78	9.06	5.3

4.4　紧急制动工况下热机耦合数值计算结果分析与试验验证

4.4.1　温度场分布特性研究

图 4.10 所示为紧急制动工况下,制动盘表面温度的试验与仿真对比。由图可知,制动盘表面温度的仿真结果与试验结果具有相同的分布规律,都为环带状分布,且高温区都出现在与摩擦片接触的区域,但是仿真得到的温度值大小都略小于试验测得的温度,这可能与仿真计算模型中热分配系数有关,但误差都小于 10%,验证了数值计算中制动盘模型简化、力学性能试验和热物性参数试验测得的数据及假设条件和边界条件设定的合理性,说明了紧急制动工况下热机耦合所采用数值方法的正确性。

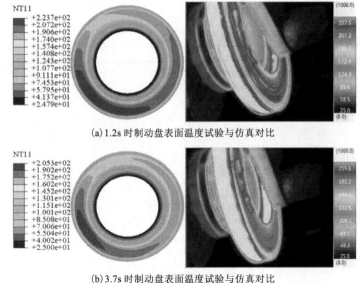

(a) 1.2s 时制动盘表面温度试验与仿真对比

(b) 3.7s 时制动盘表面温度试验与仿真对比

图 4.10　紧急制动工况下制动盘表面温度试验与仿真对比

由图 4.11 可以看出,盘式制动器制动过程中,制动盘表面温度经历了一个先升高后降低的过程,在 $t = 2.118\text{s}$ 时,制动盘表面温度达到最大值,最大温度值所在的节点为 180,最高温度为 251.8℃,这种温度变化的主要原因是:制动前期,制动盘的转速很高,摩擦副间的摩擦热流输入大于对流换热和热传导的作用,表面温度不断升高,到制动中期达到最高,随后速度不断降低,对流换热和热传导超过热流输入的作用,温度开始降低。在制动时间为 0.015s 时,热量集中在摩擦片扫过的区域,随着制动过程的进行,制动盘表面摩擦路径上的不同区域相继与摩擦片发生接触,形成环带状的高温区，且高温区内的温度随着半径的增大而增大。

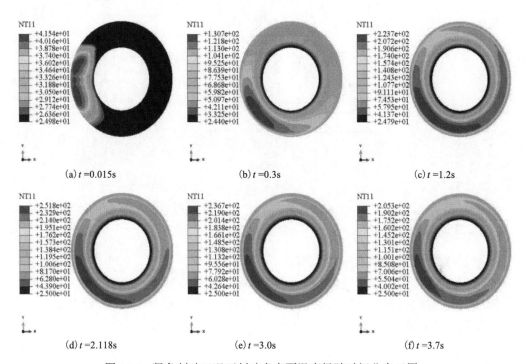

图 4.11 紧急制动工况下制动盘表面温度场随时间分布云图

1. 温度径向分布特性

取经过温度最大值所在节点 180 的所有径向节点，其温度随时间变化的过程如图 4.12 所示，制动盘表面径向节点的温度呈"锯齿"状波动，制动初始时温度不断上升，制动后期温度下降并趋于平稳。制动刚开始时，所有节点的温度都为环境温度，随着制动盘的转动，它们与摩擦片接触摩擦，产生大量热量，造成温度急剧升高，形成温度峰值，随后节点脱离摩擦区域，失去热量输入来源，同时由于热传导和热对流的作用，温度急剧下降，当制动盘旋转一周后，节点再次进入摩擦区域，又获得热量，以此反复，形成了这种"锯齿"形的温度曲线。制动快结束时，随着制动盘转速的逐渐减小，热量输入减少，散热作用开始大于热量输入，因此节点温度整体呈现下降并趋于平稳趋势。

由图 4.12 中还可以看出，制动盘表面温度在 $r = 209\text{mm}$、$t = 2.118\text{s}$ 时达到最大值 $251.8\,^\circ\text{C}$，$r=128\text{mm}$、$r=146\text{mm}$ 和 $r=235\text{mm}$ 三个节点在整个制动过程中温升不大，说明这三点远离接触区，摩擦热流对其影响小。此外，在制动盘表面 $r=209\text{mm}$ 和 $r=128\text{mm}$ 处的温差为 $226.8\,^\circ\text{C}$，说明盘面径向存在较大的温度梯度。

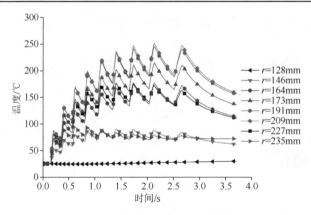

图 4.12　盘面温度径向分布特性

2. 温度轴向分布特性

图 4.13 所示为不同时刻下制动盘轴向剖面的温度分布图。由图可知，制动初始阶段，高温大都分布在制动盘表面，而后，高温渐渐向制动盘内部深入，在轴向方向形成温度梯度，当制动时间为 2.118s 时，温度达到最大值，而后开始降低，但在轴向方向继续延伸。

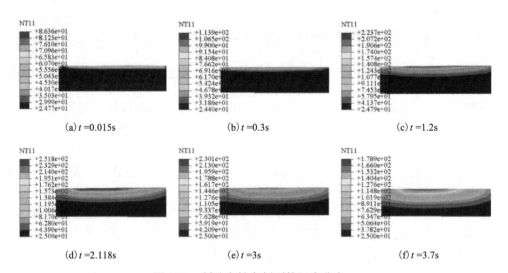

图 4.13　制动盘轴向剖面的温度分布

取经过温度最大值所在节点 180 的所有轴向节点，其温度变化曲线如图 4.14 所示，由图中可以看出，制动盘表面的温度很高，内部的温度较低，使得轴向上温度差值较大；除表面节点的曲线外，其余曲线均没有呈现"锯齿形"波动，原因是内部节点与空气不存在对流换热，厚度越大，摩擦热流的影响越小，由 $h=16\text{mm}$ 、

$h=19.2$mm 及 $h=22.5$mm 三条曲线可以看出，在制动的前半段，温度基本维持室温，这表明制动盘在轴向方向主要以热传导的形式进行散热，且摩擦热流的传导存在延迟效应。

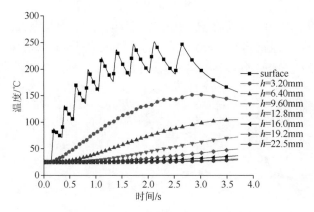

图 4.14　制动盘表面温度轴向分布特性

3. 温度周向分布特性

取经过温度最大值所在节点 180 的所有周向节点，即 $r=209$mm 处，其温度变化曲线如图 4.15 所示。由图可知，制动盘表面周向节点的温度差值相对较小，在制动时间 $t=2.118$s 时，最大温差为 61.6℃；当节点处在制动盘与摩擦片接触的地方时，由于输入了摩擦热流，导致温度升高；当节点不在接触区时，即接触前与接触后阶段，没有了摩擦热流，只存在热量耗散，温度逐渐降低，随后又进入接触区，形成类似的周期性波动。

由以上制动盘温度在径向、轴向和周向上的分布分析可知，制动盘径向温度梯度和轴向温度梯度都比周向温度梯度大很多。

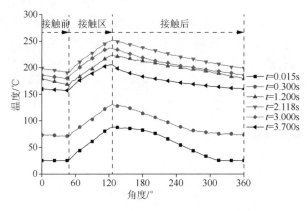

图 4.15　制动盘表面温度周向分布特性

4.4.2　应力场分布特性研究

　　由图 4.16 可知，为制动盘表面应力在紧急制动工况下随时间的分布云图，制动盘表面应力也是先增大后减小，应力较大的地方出现在摩擦环附近，出现这种情况的原因是由以上温度分析得到，温度在制动盘轴向和径向上存在很大的温度梯度。制动盘表面的最大应力出现在 2.118s，对比图 4.11 的温度场分布特性，可以发现应力场与温度场呈现相似的分布规律，证明了应力场与温度场之间存在复杂的耦合关系。

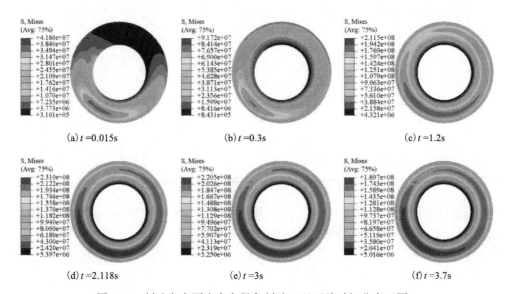

图 4.16　制动盘表面应力在紧急制动工况下随时间分布云图

1.　应力径向分布特性

　　取经过应力最大值所在节点 180 的所有径向节点，其应力随时间变化过程如图 4.17 所示，由图中可以看出，径向节点应力曲线与温度曲线（图 4.12）相似，制动初期，制动盘表面温升较快，造成温差较大，因此接触区的应力上升迅速，随着制动的进行，温差逐渐减小，应力开始降低，制动盘表面的最大应力出现在 2.118s，最大应力值为231MPa，所在节点为 180，由图 4.17 可知，在同一时间，同一位置处温度也达到了最大值，进一步验证了应力场与温度场之间复杂的耦合关系。

2.　应力轴向分布特性

　　取经过应力最大值所在节点 180 的所有轴向节点，其应力变化曲线如图 4.18 所示，与图 4.13 的轴向温度分布特性相似，制动盘表面的应力最大，在远离盘面的地方应力小。

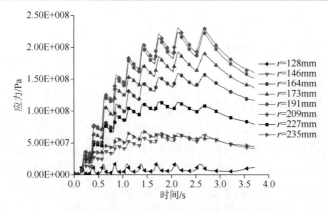

图 4.17　制动盘表面应力径向分布特性

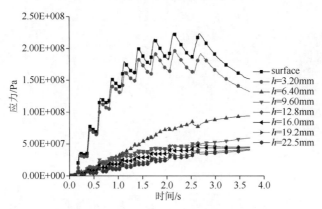

图 4.18　制动盘表面应力轴向分布特性

3. 应力周向分布特性

取经过应力最大值所在节点 180 的所有周向节点，即 $r = 209$mm 处，其应力变化曲线如图 4.19 所示，由图可知，应力分布类似于 $r = 209$mm 处温度周向分布特性，在接触的地方，由于摩擦热流的影响导致应力升高，节点不在接触地方时，即接触前和接触后阶段，应力达到最大值并开始下降，这是对流换热作用的结

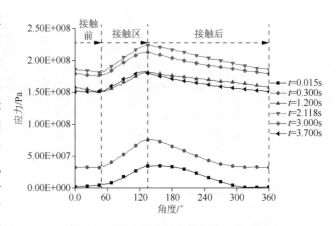

图 4.19　制动盘表面应力周向分布特性

果。综合以上分析可知，制动盘的温度场和应力场是相互关联的，温度场会影响应力场，应力场又反过来作用温度场。

4.4.3 接触压力分布特性研究

图 4.20 所示为摩擦片接触区域接触压力在紧急制动过程中的分布云图，由图可知，当制动盘处于静止时，接触压力呈左右对称分布，最大接触压力处于接触中心，且向四周逐渐减小，造成这种现象的原因是摩擦片只承受正向压力；当制动盘开始旋转时，由于摩擦力的存在，接触压力比静态接触时发生了很大变化，接触压力的最大值向进摩擦区转移，且摩擦接触区域的压力分布非常不均匀，较静态接触时大小增加较多，因此，摩擦片的进摩擦区是最容易磨损的部位，这与实际生活中摩擦片磨损的情况是一致的。

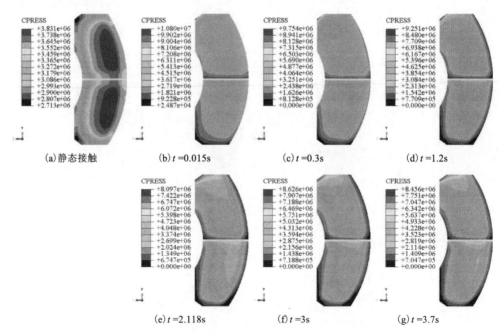

图 4.20　紧急制动工况下摩擦片接触区域压力分布云图

4.5　连续制动工况下热机耦合数值计算结果分析与试验验证

4.5.1　温度场分布特性研究

图 4.21(a)、(b)分别为制动时间为28.7s和262s，即第一次制动结束与第十次

制动停止时制动盘表面温度的试验与仿真对比图，由图可知，制动盘表面温度分布的仿真结果相似于试验结果，且高温区都出现在与摩擦片接触的区域，但第十次制动后的高温区面积有所减小，已经发展成斑块状态，且仿真得到的温度值略小于试验测得的温度，这可能与仿真计算模型中热分配系数有关，但误差都小于 10%，说明了仿真结果与试验结果相吻合，从而验证了连续制动工况下数值计算中制动盘模型简化和边界条件设定的合理性，说明了连续制动工况下热机耦合所采用数值方法的正确性。

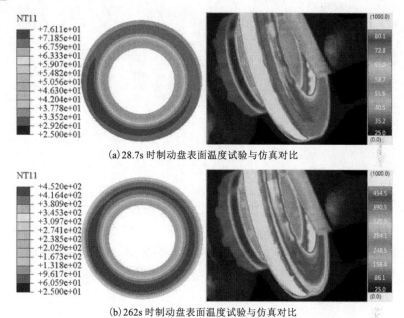

(a) 28.7s 时制动盘表面温度试验与仿真对比

(b) 262s 时制动盘表面温度试验与仿真对比

图 4.21　连续制动工况下制动盘表面温度试验与仿真对比

图 4.22 所示为 10 次连续制动工况下制动盘表面温度场分布云图，图 4.22(a)、(b)分别为第一次制动的停止时刻和结束时刻，可以发现高温区都分布在摩擦环附近，不同的是结束时刻的温度向四周扩散，制动盘表面的温度分布更均匀，原因是制动停止后制动盘进行热传导和对流换热，使得局部地区的高温在整个制动盘上进行扩散；图 4.22(c)、(d)分别为第五次制动的停止时刻和结束时刻，温度变化趋势与图 4.22(a)、(b)相似，但总体温度上升，图 4.22(e)、(f)分别为第十次制动的停止时刻和结束时刻，可以看出，整个制动盘都属于高温区，且最高温度已达到 452℃，此种情况下制动盘特别容易发生热疲劳和热磨损，可见连续制动工况下的温度场分布比紧急制动工况下要复杂得多。

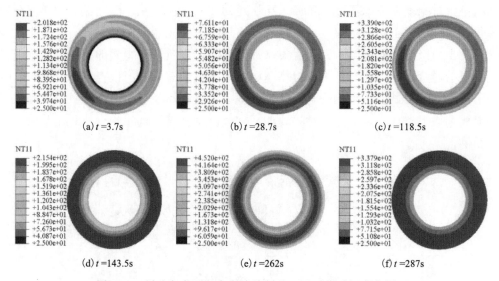

图 4.22　制动盘表面温度在连续制动工况下随时间变化图

　　10 次连续制动过程中温度最大值出现在节点 542，图 4.23 所示为其温度与时间关系图，由图可知，初始制动时，节点的温度飞快升高，制动停止时，温度又很快降低，随后慢慢趋于平缓；以后各个周期都按照同样的趋势发展，但伴随制动时间的推移，由于热量得不到及时耗散，每次制动的盘面温度都较前一次有所增加，节点的最大温度由第一次制动的 201.8℃逐渐增加到第 10 次制动的 452℃。因此，在使用车辆过程中，应尽可能规避多次重复制动，否则极易造成制动盘热疲劳，产生裂纹，乃至损坏。

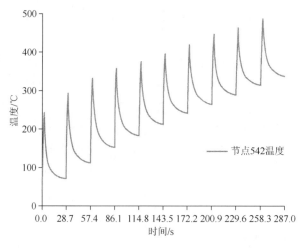

图 4.23　温度变化曲线

4.5.2　应力场分布特性研究

图 4.24 所示为制动盘表面应力在 10 次连续制动工况下随时间变化云图，由图可知，应力场也呈带状分布，但在第五次制动结束时（图 4.24(d)），制动盘的最大应力并非集中在摩擦环附近，而是出于制动盘内径处，造成这种现象的原因是，制动盘摩擦环附近由于热量累计和扩散，温度梯度较小，而制动盘内径处的温度差很大，从而导致制动盘内径处的应力很大，同理，第十次制动结束时，制动盘最大应力也集中内径处；从以下计算结果还发现，由于接触压力、摩擦力和热应力的综合作用，在第五次制动停止之后，制动盘上部分区域的应力最大值已经超过制动盘材料的屈服极限应力。

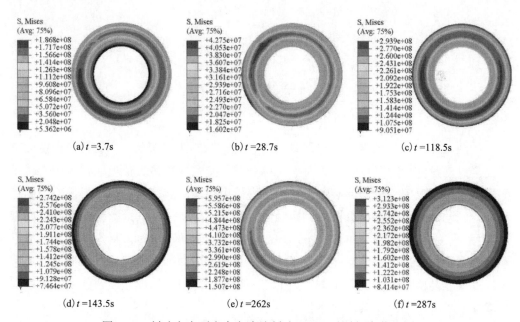

图 4.24　制动盘表面应力在连续制动工况下随时间变化云图

图 4.25 所示为节点 542 在整个制动过程中的应力随制动时间变化关系图。由图可知，应力变化曲线与温度曲线（图 4.23）大致相同。初始制动时，节点 542 的综合应力快速上升，制动停止时，综合应力急剧下降，随后趋于平稳，以后每个周期都产生相同的变化规律，但伴随制动的持续，加上热应力的累积，每次制动的盘面应力都较前一次有所增加，节点的最大应力由第一次制动的186MPa 逐渐增加到第 10 次制动的595.7MPa，由于制动盘材料 HT250 的极限屈服应力为250MPa，因此部分区域的最大应力已经超过了屈服极限应力，加之热应力的交变作用，制动盘极易产

生疲劳破坏,形成细小的裂纹网格或者龟裂。所以,反复多次制动对制动盘危害极大,应尽量避免。

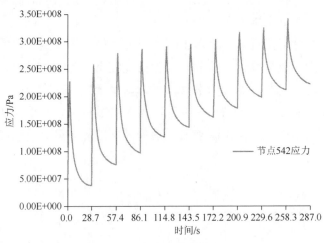

图 4.25　应力变化曲线

4.5.3　接触压力分布特性研究

　　如图 4.26 所示,摩擦片接触区域压力在连续制动工况下的分布云图。由图中可知,当制动盘静止时,接触压力左右对称分布,接触压力最大值处于接触中心,且向四周下降,原因是摩擦片只承受正向压力;由图 4.26(b)～(g)可以看出,当制动盘开始制动时,由于存在摩擦力,接触压力开始发生变化,其最大值逐渐向进摩擦区转移,且在接触地方分布非常不均匀,到第十次制动工况时,接触压力最大值已经转移到了进摩擦区的边缘,且较静态接触时大小增加很多。因此,摩擦片的进摩擦区是最容易磨损的部位,这与实际生活中摩擦片磨损的情况是一致的,关于摩擦片磨损分析将在下一章具体阐述。

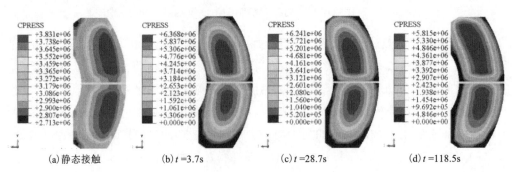

(a)静态接触　　　　　(b)t =3.7s　　　　　(c)t =28.7s　　　　　(d)t =118.5s

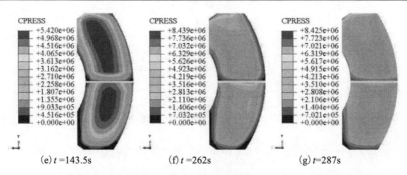

(e) t =143.5s　　　　　　(f) t =262s　　　　　　(g) t=287s

图 4.26　连续制动工况下摩擦片接触区域压力分布云图

参 考 文 献

[1] Maluf O, Moreto J A, Angeloni M, et al. Thermo mechanical and isothermal fatigue behavior of gray cast iron for automotive brake discs[J]. New Trends and Development in Automotive, 2005, 56:147-166.

[2] Benseddiq N, Seiderrnann J. Optimization of design of railway disc brake pads[J]. Proc Instn Mech Engrs, 1996, 210: 51-61.

[3] Kwon S J, Goo B C. A study on the friction and wear characteristics of brake pads al mmc brake disc[J]. Key Engineering Materials, 2000, 187:1225-1230.

[4] Litos P, Honner M, Lang V, et al. A measuring system for experimental research on the thermo mechanical coupling of disc brakes[J]. ProcIMechE Part D: J. Automobile Engineering, 2008, 222:1247-1257.

[5] 齐文娟. 发射率对红外测温精度的影响[D]. 长春理工大学, 2005.

[6] 葛振亮, 吴永根, 袁春静 等. 汽车盘式制动器的研究进展[J]. 公路与汽运, 2006, 1:9-12.

[7] 林谢昭. 盘式制动器非轴对称瞬态温度场的数值模拟[D]. 福州大学, 2000.

[8] Voldrich J. Frictionally Excited Thermoelastic Instability in Disc Brakes: Transient Problem in the Full Contact Regime[J]. International Journal of Mechanical Sciences, 2007, 49: 129-137.

[9] Carslaw H S, Jaeger J C. The Conduction of Heat in Solids[M]. Oxford: Clarendon Press, 1959.

[10] Hisham A, Abdel—A. Divison of Frictional Heat: The Dependence on Sliding Parameters[J]. Heat Mass Transfer, 1999, 26(2):279-288.

[11] Kennedy T C. Transient Heat Partition Factor for a Sliding Railcar Wheel[J]. Wear, 2006, 251:932-936.

[12] David B H. Rationalizing the coefficients of popular biorthogonal wavelet filters[J]. IEEE Trans on Circuits and System for Video Technology, 2000, 10(6):998-1005.

[13] 夏德茂, 奚鹰, 陈哲, 等. 基于 CFX 的某闸片对流换热系数的研究[J]. 机械设计, 2015, 32(2):7-11.

[14] 苏海赋. 盘式制动器热机耦合有限元分析[D]. 华南理工大学, 2011.

[15] 农万华. 基于闸片结构的列车盘形制动温度和应力的数值模拟及试验研究[D]. 大连交通大学, 2012.

[16] 丁群, 谢基龙. 基于三维模型的制动盘温度场和应力场计算[J]. 铁道学报, 2002, 24(6): 34-38.

[17] 陈德玲, 张建武, 周平. 高速轮轨列车制动盘热应力有限元研究[J]. 铁道学报, 2006, 28(2):39-43.

[18] 王国林, 裴紫嵘, 周海超, 等. 考虑轮胎空气耦合传热的轮胎温度场分析[J]. 汽车技术, 2012, 9: 15-18.

[19] 杨世铭, 陶文铨. 传热学[M]. 3 版. 北京: 高等教育出版社, 1998.

第 5 章　盘式制动器摩擦磨损机理

盘式制动器摩擦副在相互摩擦过程中，表面间的相互作用会导致材料的转移和流失，从而形成了磨损，致使摩擦片的厚度变薄，摩擦副间的距离变大，制动性能下降。盘式制动器干滑动摩擦磨损不仅与摩擦片材料、接触压力、相对滑动速度等因素有关，而且受温度影响非常大。因此，本章首先分析盘式制动器摩擦材料的组成，对树脂基复合摩擦材料进行销盘式小样摩擦磨损试验，进而在试验基础上运用非线性有限元分析软件 ABAQUS 及其用户子程序 UMESHMOTION 建立摩擦材料摩擦磨损表述模型，研究摩擦材料试样在不同制动工况下的磨损深度、制动效能、接触压力、应力场等参数的变化规律，再自动调用第 4 章盘式制动器热机耦合结果文件中的节点温度，研究盘式制动器热摩擦磨损过程中摩擦片的磨损深度、接触压力、接触面积、制动效能等，而后通过惯性台架试验验证热摩擦磨损仿真建立的正确性，探究温度对盘式制动器摩擦片磨损的影响规律，从而揭示盘式制动器热磨损失效机理。

5.1　盘式制动器摩擦材料分析及试验研究

5.1.1　摩擦材料组成

树脂基复合摩擦材料主要由四部分组成，即黏结材料、增强纤维、矿物填料和摩擦性能调节剂。其中，黏结材料的作用是把各组分保持在一起，形成摩擦材料的基体，黏结材料的性能优劣是影响摩擦材料摩擦磨损性能的关键因素，目前常用的黏结材料为酚醛树脂或其改性树脂，由于纯酚醛的硬度和脆性大，耐热性差，因此对其使用环境要求严格，无法适应摩擦材料的发展要求，所以各类改性后的酚醛树脂得到了广泛关注[1,2]；增强纤维的作用是提高摩擦材料的强度以更好承受剪切和冲击力，常见的增强纤维有碳纤维、玻璃纤维、金属纤维和芳纶等[3,4]。为了改善摩擦材料的加工性能并提高其耐磨性，通常在摩擦材料组分中加入硫酸钡、长石粉、云母和锆石等矿物填料[5,6]。目前常用的填料有两类：一是无机粉状物填料，如石墨、铜粉、铁粉等；二是颗粒状物填料，如焦炭、蛭石等；摩擦性能调节剂主要是用来稳定摩擦系数，减少摩擦片和制动盘的磨损，常用的摩擦性能调节剂有氧化铝、氧化硅和硅酸锆[7,8]等。

树脂基复合摩擦材料的摩擦磨损性能受诸多因素的影响，归结起来主要有材料表面加工情况、制动压力、相对滑动速度和温度等。由于树脂基复合摩擦材料的机械力学性能和化学性能都具有温度相关性，因此温度对其摩擦系数、磨损率和摩擦磨损机理的影响都较大。要研究盘式制动器的摩擦磨损机理，就必须考虑温度对其的影响，这也是本章研究的重点之一。

5.1.2 销盘式小样摩擦磨损试验

通过对树脂基复合摩擦材料进行销盘式小样摩擦磨损试验，测量不同温度下摩擦片材料与制动盘之间的摩擦系数和磨损率，为盘式制动器摩擦磨损仿真分析提供边界，为树脂基复合摩擦材料摩擦磨损仿真提供模型依据，并验证其摩擦磨损仿真过程的正确性。

1. 试验材料制备

试验所用的树脂基复合摩擦材料在杭州优纳摩擦材料有限公司制造，其组成如表 5.1 所示。由表中可知，树脂基复合摩擦材料主要由四部分组成：黏结材料、增强纤维、矿物填料和摩擦性能调节剂。其中，黏结材料在摩擦磨损性能中占据重要地位，主要用来黏结各种成分，使其构成一个稳定基体，而酚醛树脂和丁腈橡胶作为优良的黏结材料而被广泛使用[9]。

表 5.1 摩擦片材料组成

组成	质量分数/(wt./%)	功能分类
酚醛树脂	24	黏结材料
丁腈橡胶	5	
钢纤维	10	增强纤维
芳纶	2	
$BaSO_4$	9	摩擦材料性能调节剂
合成石墨	5	
弹性石墨	5	
MgO	3	
$ZrSiO_4$	2	
Al_2O_3	2	
焦炭	15	矿物填料
锆石	5	
铜粉	4	
铁粉	3	
Sb_2S_3	3	
Tin	3	

在树脂基复合摩擦材料制造过程中，将按压温度设定为100℃，压力为400MPa，压铸时间为1min/mm；在材料后处理过程中，使材料小样分别在170℃和190℃的空气中固溶 2h 和 3h。

2. 试验设备与方法

树脂基复合摩擦材料摩擦磨损试验采用咸阳新益摩擦密封设备有限公司产的 XD-MSM 型定速摩擦磨损试验机，试验机上配备有摩擦传感器、转矩传感器和温度传感器，通过连接计算机输出磨损过程中的摩擦力、磨损转矩和温度，试验设备如图 5.1 所示。试验所用摩擦材料为箱式，其截面尺寸为 25mm×25mm，厚度为 7mm，摩擦面采用金相砂纸研磨；对偶件圆盘尺寸为 22.5 英尺，根据 GB/T 9493 的规定，圆盘材料为珠光体灰铸铁 HT250，其布氏硬度为 HB200，圆盘试样用 JB/T 7498 中粒度为

图 5.1 XD-MSM 型定速摩擦磨损试验机

P240 的砂纸处理，以保证表面无明显划痕、锈蚀和凹坑等缺陷。试验时，为了使摩擦材料的受力和磨损均匀，将 2 个摩擦材料试样同时对称装夹，试验结果取 2 个试样的平均值，将圆盘速度设置为 490±10 r/min，在室温下进行磨合，待接触面达 95% 以上后进行磨损试验，分别测量温度在 100℃、150℃、200℃、250℃、300℃、350℃ 下摩擦系数和磨损率，整个试验过程和分析方法均遵循 GB 5763—2008 规定。

3. 试验结果与分析

树脂基复合摩擦材料摩擦磨损试验所得结果包括摩擦系数、磨损率、磨损深度、磨损体积及摩擦力矩，本小节仅对摩擦系数和磨损率进行分析与讨论，磨损深度、磨损体积和摩擦力矩的分析将在 5.2.2 节进行详细描述。

1) 摩擦系数

树脂基复合摩擦材料与灰铸铁制动盘间的摩擦系数可由以下公式得

$$\mu = \frac{f}{F} \tag{5.1}$$

式中，f 为总摩擦距离后半段摩擦力的平均值，N；F 为施加在摩擦材料上的法向力，N。

图 5.2 所示为摩擦系数与温度随圆盘转数变化规律图。由图中可以看出，初始阶段，摩擦系数的波动随着温度的升高而增大，但随着温度的持续上升，摩擦系数又开始减小，这可能是由于摩擦片试样的热膨胀和表面膜转移及磨损机制引起的。由图中还可以看出，摩擦系数和温度在转速达到 2500r 后趋于稳定，因此取转速在 2500～5000 之间的摩擦系数平均值作为评价指标，具体数值如表 5.2 所示。

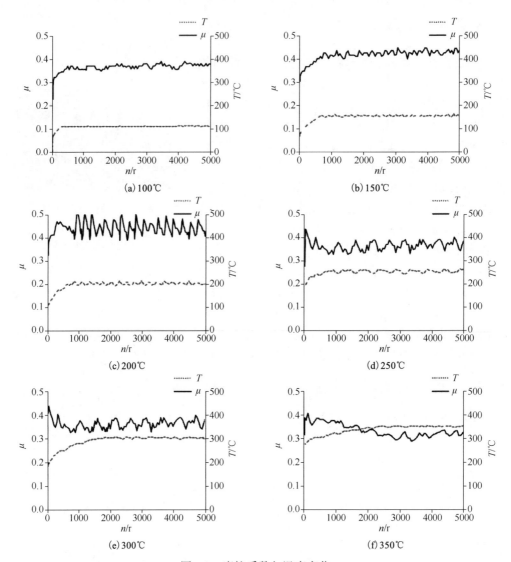

图 5.2　摩擦系数与温度变化

表 5.2　平均摩擦系数与磨损率

温度/℃	平均摩擦系数		磨损率 /(×10⁻¹³m³/(N·m))	
	测量值	允许值	测量值	允许值
100	0.373	0.25～0.65	0.136	0～0.50
150	0.433	0.25～0.70	0.298	0～0.70
200	0.439	0.25～0.70	0.304	0～1.00
250	0.368	0.25～0.70	0.263	0～1.50
300	0.367	0.25～0.70	0.146	0～2.00
350	0.314	0.25～0.70	0.136	0～2.50

由表 5.2 中可知，平均摩擦系数随着温度的升高先增加后减小，满足 GB/T 5763—2008 的要求，出现这种变化趋势的原因为黏结材料中的酚醛树脂是一种高分子聚合物，对温度非常敏感，先随着温度的升高，由玻璃相转变为橡胶相，摩擦表面间的黏附力增强，因此摩擦系数升高；但当温度超过200℃时，酚醛树脂开始热分解，分解出的水、油和其他化合物会在摩擦表面形成一层氧化膜，将干摩擦变成混合摩擦或湿摩擦。因此，摩擦系数显著降低，极有可能造成制动失效。从表 5.2 中还可以看出，150℃ 和 200℃时的平均摩擦系数近似相等，高于其他温度下的数值，100℃、250℃ 和 300℃时的平均摩擦系数也近似相等，350℃ 下的平均摩擦系数最小，表明在温度为150℃ 和 200℃时，制动安全性相对最好，350℃ 下的制动力相比其他情况降低约20%，这对于汽车制动非常危险，因此对摩擦片材料进行化学成分或处理程序改进是非常有必要的。

2) 磨损率

树脂基复合摩擦材料试样的磨损率可由以下公式得

$$v = 1.06 \times \frac{A}{S} \times \frac{d_1 - d_2}{f_{\mathrm{m}}} \tag{5.2}$$

式中，d_1 和 d_2 为摩擦片试样磨损前后厚度，mm；A 为摩擦面积，mm^2；S 为总转数，r；f_{m} 为平均摩擦力，N。

由表 5.2 中磨损率数据可知，磨损率也随着温度的升高向增大后减小，其数值处于 0.13～0.31，满足 GB/T 5763—2008 的要求，出现这种变化趋势的原因与摩擦系数变化原因相同。当摩擦系数大时，相应的磨损率也较高，因此，好的摩擦性能必然对应高磨损率，二者相互矛盾存在，如何在二者之间进行平衡是解决盘式制动器摩擦磨损的关键问题。

5.1.3　惯性台架试验

盘式制动器惯性台架试验与实车工况接近，温度、应力和制动效能等参数均能达到实际装车水平。利用惯性台架试验来分析盘式制动器紧急制动时的热摩擦磨损规律，为制动盘与摩擦片的热摩擦磨损仿真提供模型依据，并验证仿真过程的正确性，揭示盘式制动器热摩擦磨损中的机理。

1. 试验设备与方法

盘式制动器惯性台架试验在江苏恒力制动器制造有限公司的 1:1 惯性试验台上完成，试验台照片如图 4.1(a)所示，在此试验台架上进行盘式制动器热摩擦磨损测量，参考标准《SAEJ2681 汽车制动系统摩擦性能惯性台架评估》，将 24.5 吋盘式制动器装到惯性台架试验台中，对制动器气室施加1.2MPa压力，设置制动盘初速度为60km/h，减速度为 $-4.5\mathrm{m/s}^2$，制动时间为3.7s。

在开始试验之前先进行磨合阶段，试验后取下摩擦片，利用精度为0.01mm的千分尺测量图 5.3(a)中摩擦片 a-j 磨损点试验前后的磨损深度；再利用精度为 0.1mg 的分析天平检测磨损后的摩擦片质量，根据摩擦片密度，计算出摩擦片的磨损体积；制动过程中的摩擦力矩则通过与惯性试验台架连接的计算机输出；利用日本电子株式会社（JEOL Ltd.）生产的型号为 JSM-651010LA 的扫描电子显微镜（SEM），如图 5.3(b)所示，分别观察摩擦片磨损前和磨损后的表面形貌，通过分析摩擦片磨损前后的表面形貌，揭示盘式制动器制动过程中的热摩擦磨损机理。

（a）摩擦片磨损测量点　　　　　　　　（b）摩擦片磨损形貌测量现场

图 5.3　摩擦片磨损深度测量

2. 试验结果与分析

盘式制动器惯性台架试验结果主要包括摩擦片磨损体积、摩擦力矩、不同磨损点的磨损深度、磨损后摩擦片表面形貌，这些结果将在 5.3 节与 5.4 节中进行详细分析与讨论，本小节不再赘述。

5.2　树脂基复合摩擦材料摩擦磨损规律分析

5.2.1　摩擦磨损数学模型建立

1. 有限元模型

根据摩擦材料摩擦磨损试验可知，摩擦材料试样为箱式，其截面尺寸为 25mm×25mm，厚度为 7mm，2 个摩擦材料试样对称装夹在对偶圆盘上，对偶件圆盘的外直径为 370mm，内直径为 100mm，厚度为 17.5mm，运用 UG 软件建立圆盘与摩擦材料试样的三维装配模型，再利用有限元软件 Hypermesh 划分网格，圆盘和摩擦材料试样的网格类型均为六面体八节点单元 C3D8，整个模型一共采用了 5032个单元和 21780 个自由度，圆盘材料为 HT250，摩擦试样材料为树脂基复合摩擦材料，摩擦片的弹性模量为 2.2GPa、泊松比为 0.25、密度为 1550kg/m³，圆盘的弹性模量为 209GPa、泊松比为 0.3、密度为 7800kg/m³。将圆盘的内表面定义为运动耦合约束，控制点为圆盘中心，采用拉格朗日法描述圆盘和摩擦材料试样之间摩擦接触的法向行为，用罚函数定义其切向行为，通过摩擦材料销盘式小样摩擦磨损试验可知摩擦系数为 0.45，树脂基复合摩擦材料摩擦磨损有限元分析模型，如图 5.4 所示。

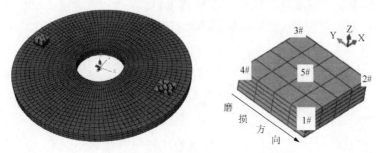

图 5.4　摩擦材料试样有限元模型

2. 磨损模型

1) ALE 自适应网格

摩擦磨损仿真计算时，由于表层材料要被磨掉，这就要求仿真用的网格模型能够根据磨损情况自动重划分与更新，并且这些新划分的网格节点之间不能有作用力。根据这个要求，本文利用任意拉格朗日法（ALE）来实现现有网格的更新，此方法可以只改变磨损节点的位移，不改变其他变量。在摩擦磨损模型的设置中，ALE 的功能主要用来防止网格畸变，消除由于网格节点的移动而导致单元变形，再配合 ABAQUS 的用户子程序 UMESHMOTION 就可以实现摩擦磨损的模拟。

ALE 在平滑网格节点时需要指定工作区域。在本分析中，摩擦材料试样和圆盘的接触区域就是其工作区域，因此需要在接触区域设置磨损速度或磨损位移，再利用 Fortran 编写材料边界的磨损量和磨损方向，即可完成摩擦磨损建模。

2) 磨损模型

固体干滑动摩擦磨损与材料硬度、相对滑动速度、接触压力等因素有关，虽然关于固体摩擦磨损的公式已经有许多，但大多不能普遍适用于所有磨损现象，而由磨损先驱 Archard 提出的金属间线性磨损模型，假设磨损率与单位滑动距离和载荷有关，通过磨损率、滑动距离和接触压力计算出磨损深度，并且得出每个滑动距离下的磨损量与摩擦因数有关，被广泛应用。因此，本文将圆盘与摩擦材料试样之间的摩擦视作干摩擦，采用 Archard 提出的广义线性磨损模型，磨损公式如下：

$$W = ks\frac{F_N}{H} \tag{5.3}$$

式中，W 为磨损体积，mm³；k 为无量纲磨损系数；s 为滑动距离，mm；H 为摩擦材料硬度；F_N 为制动载荷，N。

当时间增量无穷小时，磨损微分模型为

$$\frac{\mathrm{d}W}{\mathrm{d}s} = \frac{kF_N}{H} \tag{5.4}$$

式中，$\mathrm{d}W$ 为磨损体积增量；$\mathrm{d}s$ 为滑动距离增量。

假设微元面积 ΔA 在时间增量 $\mathrm{d}t$ 下的磨损深度为 $\mathrm{d}h$，则

$$\mathrm{d}h = \frac{\mathrm{d}V}{\Delta A} \tag{5.5}$$

将式(5.5)代入式(5.4)可得

$$\frac{\mathrm{d}h}{\mathrm{d}s} = \frac{kF_N}{H \Delta A} \tag{5.6}$$

式中，$\dfrac{F_N}{\Delta A}$ 是接触微元面积 ΔA 下的接触压力，可用 P 来表示；$\dfrac{k}{H}$ 是有量纲磨损系数，可用 k_E 来表示，k_E 由影响磨损模型的因素表示，如材料、温度、载荷、速度等，其公式为

$$k_E = k(T, F, v, \cdots) \tag{5.7}$$

因此，该摩擦材料磨损模型可以表示为

$$\mathrm{d}h = k_E p \mathrm{d}s \tag{5.8}$$

式中，$\mathrm{d}h$ 为磨损深度增量；k_E 为有量纲磨损系数，Pa^{-1}；P 为均匀接触压力，Pa；$\mathrm{d}s$ 为滑动距离，m。

定义有限小的时间增量值为 Δt，则对应的磨损深度增量为 Δh，滑动距离增量为 Δs，假设 k_E 和接触压力 P 在有限小的时间内保持不变，则式(5.6)可变为

$$\Delta h = k_E p \Delta s \tag{5.9}$$

式中，$\Delta s = r\mathrm{d}\theta$ 为滑动距离增量，m；r 为磨损点距离圆盘中心的径向距离，m；$\mathrm{d}\theta$ 为角度增量，rad。

摩擦片试样的磨损是一个准静态过程，采用有限元分析的后处理程序，利用 ABAQUS 有限元软件及其用户子程序 UMESHMOTION，通过线性迭代法来分析圆盘与摩擦材料试样滑动过程的准静态问题，每进行一个迭代步，都伴随着摩擦面上节点的更新和网格的再划分，如图 5.5 所示，每个增量步都有一个角度增量，再计算摩擦面上节点的坐标和接触压力，相应增量步下的磨损深度通过显式欧拉积分公式获得，则第 j 个增量步下的总磨损深度为

$$h_j = h_{j-1} + k_D p \Delta s_j \tag{5.10}$$

式中，h_j 为第 j 个增量步下的总磨损深度；h_{j-1} 为第 $j-1$ 个增量步下的总磨损深度；Δs_j 为第 j 个增量步下的滑动距离增量；其计算公式为

$$\Delta \mathrm{s}_j = 2\pi \frac{\Delta t}{T} n \sqrt{x^2 + y^2} \tag{5.11}$$

式中，Δt 为时间增量；T 为总时间；n 为圆盘转速；x、y 分别为摩擦面节点的横、纵坐标。

时间增量 Δt 是影响有限元计算结果准确性的关键因素，较大的时间增量可能导致计算精度较低，但时间增量过小又会使计算时间过长。因此，为简单起见，需要为磨损仿真设置一个恒定的增量，并指定分析结束时间，在本分析中，分别将时间增量和结束时间设置为0.01s和1s。

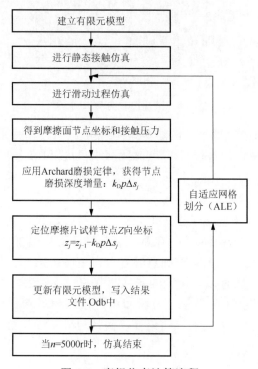

图 5.5　磨损仿真计算流程

3）磨损方向

磨损方向是指接触节点磨损的方向，其确定方法如下：

有限元计算中有两类接触节点：第一类是边界节点，处于接触区域边缘的节点，其磨损方向是垂直于接触面的边线；第二类是非边界节点，处于接触区域内部，其磨损方向就是节点的接触法线方向。

图 5.6 所示为节点磨损方向的二维图，由图中可知，除节点 1 不在接触区域内，其余节点都在，则由以上分析可知，节点 3~5 属于第二类节点，节点 2 和 6 属于第一类节点。由于节点 3 的左右两个接触面 b_{23} 和 b_{34} 位于一条直线上，因此其法线方向 n_3 就是其磨损方向；而对于节点 5，与其相邻两个边界 b_{45} 和 b_{56} 并不属于同一条直线上，因此两个边界的法线方向 n_{51} 和 n_{52} 也不在一条直线上，此时节点 5 的接触法

向可按照如下的公式进行选取：

$$n_5 = \frac{n_{51} + n_{52}}{\|n_{51} + n_{52}\|} \tag{5.12}$$

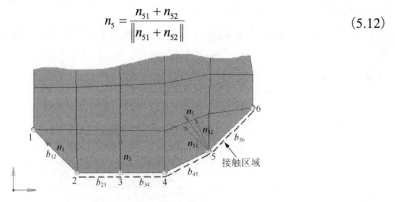

图 5.6　节点磨损方向二维图

节点 2 是边界节点，通过它的边 b_{23} 处在接触区域，而另一个通过它的边 b_{12} 处在非接触区域，当模型进行磨损时，节点 2 将会顺着它和节点 1 的连线方向 n_2 移动。

3. 边界条件确定

整个摩擦磨损计算模型共包含三个分析步：静态加载、准静态旋转、磨损。根据摩擦磨损试验，第一个分析步中，在摩擦材料试样上表面施加恒定压力 0.98MPa，同时约束其面内自由度，再固定控制点的 6 个自由度；第二个分析步中，释放控制点 Z 向的旋转自由度，同时以角速度的形式对其施加旋转惯性力，大小为 8.2rad/s，其他边界条件与第一步相同；第三个分析步中，采用 ALE 自适应网格技术模拟磨损过程，在控制点上施加绕 Z 向的旋转角度，其他边界条件与第二步相同。

5.2.2　摩擦磨损仿真分析

1. 摩擦材料磨损体积与摩擦力矩分析

图 5.7 所示为摩擦材料试样磨损体积与摩擦力矩试验和仿真对比图。由图可知，由于采用 Archard 线性磨损模型的原因，所以磨损体积仿真值与转数成正比关系。磨损体积仿真值随着转数的增加而逐渐增大，当 $s = 5000\text{r}$ 时，磨损体积仿真值为 71.29mm^3，磨损体积试验值为 68.81mm^3，两者之间的误差为 3.6%，小于 10%，说明摩擦磨损仿真值与试验值有较高程度的吻合。

由图 5.7 中还可以看出，摩擦力矩试验值是一系列离散点，平均值为 42.41N·m，这些离散点均匀分布在平均值的两侧，其方差为 4.8381，这说明了摩擦力矩试验值与平均值的分散程度小，摩擦力矩仿真值为一恒定数据，大小为 41.19N·m，与摩擦力矩试验值之间的误差为 2.8%，小于 10%，误差较小，说明摩擦力矩仿真值与试验值吻合程度较好。由以上磨损体积和摩擦力矩仿真与试验数据分析可知，圆盘与摩擦材料试样之间的滑动摩擦磨损仿真结果与试验结果基本一致，证明了树脂基复合摩擦材料摩擦磨损仿真模型建立的正确性。

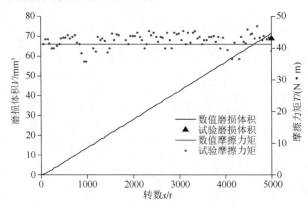

图 5.7　摩擦材料试样磨损体积与摩擦力矩试验和仿真对比

2. 摩擦材料磨损深度分析

图 5.8 所示为摩擦材料试样摩擦面上不同磨损点(图 5.4)的磨损深度随转数变化的数值与试验对比曲线图，图中转数为 5000r 下对应的 5 个点代表 1～5#磨损点在转数 s=5000r 时的磨损深度试验值，大小分别为 –0.04mm 、 –0.035mm 、 –0.17mm 、 –0.2mm 、 –0.12mm；图中 5 条直线表示磨损深度仿真值，由于采用 Archard 线性磨损模型，不同磨损点的磨损深度仿真值随转数线性变化，当 s=5000r 时磨损深度仿真值分别为 –0.04318mm 、 –0.03221mm 、 –0.18529mm 、 –0.19649mm 、 –0.11456mm，与相应的试验值之间的误差分别为 7.9%、7.9%、8.9%、1.7%、4.5%，全部小于 10%，说明磨损深度仿真值与试验值吻合程度较好，进一步验证了圆盘与摩擦材料试样滑动摩擦磨损仿真模型建立的正确性。

由图 5.8 中还可以看出，每个转数下的磨损深度都是磨损点 4#的最大，其他依次为磨损点 3#、 5#、 1#、 2#，原因是均匀压力下磨损深度与相对滑动距离 Δs 成正比。根据相对滑动距离公式 $\Delta s = r \cdot \mathrm{d}\theta$ 可知，当角度增量 $\mathrm{d}\theta$ 相同时，节点半径 r 越大，则相对滑动距离 Δs 越大，即磨损深度与摩擦材料试样表面节点径向位置有关，离圆盘中心远的磨损深度大于近的，结合图 5.4 中磨损点的位置关系，得出磨损深度 $h_4>h_3$、 $h_1>h_2$。另外，由图 5.6 中摩擦材料试样磨损方向可知，磨损点 3#和 4#处在进摩擦区、接触压力较大，因此 5 个磨损点的磨损深度大小关系为 $h_4>h_3>h_5>h_1>h_2$。然而，由图 5.7 中接触压力曲线可知，磨损点 3#的接触压力大于磨损点 4#的接触压力，但磨损点 3#的磨损深度却小于磨损点 4#，结合公式 $\mathrm{d}h = k_E p \Delta s$ 说明，相对滑动距离占主要因素，即相对滑动距离对磨损深度的影响更大。

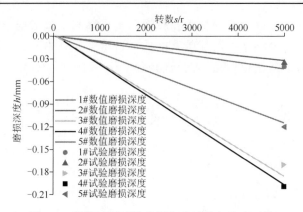

图 5.8　摩擦材料试样磨损深度试验与仿真对比

3. 摩擦材料接触压力分析

图 5.9 所示为均匀压力不同工况下摩擦面接触压力随转数曲线。图 5.10 所示为不同工况下接触压力分布云图，图 5.9 中纵坐标轴上 5 个点为静态工况下 5 个磨损点的接触压力值，磨损点 5# 的接触压力最大，其余 4 点的接触压力大致相同，这是因为此工况下只有法向压力而无摩擦力作用，且磨损点 5# 处于摩擦面的中心，受到材料约束而无法扩张，而磨损点 1～4# 处于自由端，所以磨损点 5# 的接触压力最大。当摩擦材料试样进行准静态旋转时，磨损点 5# 的接触压力开始减小， 3# 和 4# 的接触压力迅速增大， 1#、 2# 的接触压力迅速减小，这是因为摩擦力产生的旋转压紧效应使接触压力作用点迅速向进摩擦区转移，即图 5.10 中的3#、 4# 方向。由图 5.10还可以看出，准静态旋转工况下接触压力呈左右对称分布，因为旋转初期，摩擦力影响较小；当摩擦材料试样开始磨损时，接触压力分布不再对称，向磨损点 3# 方向偏移，当 $s = 750$r 时，磨损点 3# 的接触压力达到最大，其他依次为磨损点 4#、 5#、

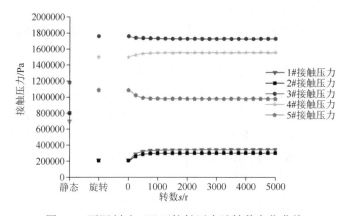

图 5.9　不同制动工况下接触压力随转数变化曲线

1#、2#。另外，由图 5.9 可以看出，在转数 $s=0\sim1000r$，接触压力值不稳定，原因是摩擦材料试样处于内磨合阶段，在转数 $s=1000r$ 后，磨损开始稳定，接触压力值基本不变。

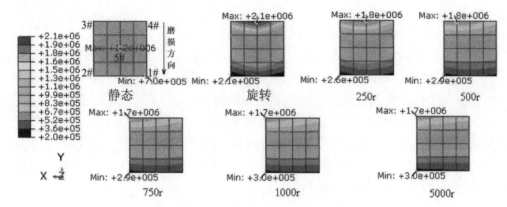

图 5.10　不同制动工况下接触压力云图

5.2.3　压力分布对摩擦材料表面接触压力的影响

在盘式制动器实际工作过程中，压力是由气室经过双推杆作用在摩擦片上的，因此摩擦片上的压力主要集中在双推杆中心。盘式制动器在不工作状态下，双推杆中心位置与摩擦片底面形心是重合的，接触压力分布均匀；而制动时，摩擦片由于受到剪切力的作用，底面形心易发生变化，出现与双推杆中心不再重合的状况，在摩擦片表面形成非均匀压力，造成摩擦片局部接触压力过大，偏磨严重，影响制动性能。因此，研究压力分布对摩擦材料表面接触压力的影响具有重要意义，可以为盘式制动器制动性能研究提供理论指导。

1. 基于正交试验的非均匀压力模型

在图 5.4 所示的摩擦面上建立局部坐标系，对摩擦材料试样上表面施加非均匀压力 $p(x',y')$，其公式为

$$p(x',y') = k_1 x' + k_2 y' + p_0, \quad k_1, k_2 \in (-p_0/2B, p_0/2B) \tag{5.13}$$

式中，k_1、k_2 分别为局部坐标系中压力分布沿 x' 向和 y' 向的斜率；p_0 为恒定压力 0.98MPa；$2B$ 为摩擦材料宽度 25mm，则施加在摩擦材料试样上表面的法向载荷为

$$F = \iint\limits_A p(x',y')\mathrm{d}x'\mathrm{d}y' = \iint\limits_A p_0\mathrm{d}x'\mathrm{d}y'$$
$$= 0.98\times10^6 \times 25 \times 25 \times 10^{-6} = 621.5(\mathrm{N}) \tag{5.14}$$

试验设计可以指导人们通过合理的安排试验方案，科学的分析试验数据，用尽可能少的试验次数，得到理想的结果。试验设计的方法有很多，但大多数试验影响

因素多，试验周期长，且操作起来费时费力，对于这种情况，正交表设计方法（简称正交试验）非常实用又方便，正交试验是一种为了寻找主要因素和这些因素之间最佳配置的设计方法，经常被用于过程参数优选和可靠性试验。因此，为了科学合理地减轻工作量，降低试验费用，快捷地研究出非均匀压力中心位置对磨损面上接触压力的影响，本文采用正交试验法对非均匀压力中心位置进行设计。

如表 5.3 所示，利用 Minitab16 软件，以非均匀压力 $p(x', y')$ 的位置为影响因素。选取 $p(x', y')$ 的系数 k_1、k_2 作为 2 个主要因素，每个因素有-3.92e7、0、3.92e7 三个水平，选取试验表格 L9 （2^3），则正交试验设计方案如表 5.4 所示，共进行 9 次正交试验，9 次试验下的非均匀压力中心分布如图 5.11 所示。运用 MATLAB 软件对摩擦材料试样磨损面上非均匀压力中心就行求解，利用有限元软件 ABAQUS 分别对非均匀压力中心为 L1~L9 的圆盘和摩擦材料试样滑动摩擦磨损过程进行数值仿真，则压力中心求解公式参照质心求解公式：

$$r_c = \frac{\sum_{i=1}^{n} p_i r_i}{p} \tag{5.15}$$

式中，r_c 为压力中心位置；r_i 为第 i 个压力中心的位置；p_i 为第 i 个压力中心的接触压力；P 为摩擦材料接触压力。

表 5.3 正交试验表

水平	因素		
	$-p_0 / 2B$ / (Pa/m)	0 / (Pa/m)	$p_0 / 2B$ / (Pa/m)
K_1	-3.92e7	0	3.92e7
K_2	-3.92e7	0	3.92e7

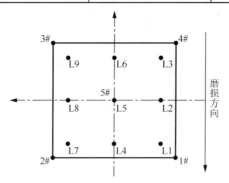

图 5.11 局部坐标系下摩擦试样磨损面上非均匀压力分布

表 5.4　正交试验设计方案

试验	K_1 / (Pa/m)	K_2 / (Pa/m)
L1	-3.92E+07	-3.92E+07
L2	-3.92E+07	0.00E+00
L3	-3.92E+07	3.92E+07
L4	0.00E+00	-3.92E+07
L5	0.00E+00	0.00E+00
L6	0.00E+00	3.92E+07
L7	3.92E+07	-3.92E+07
L8	3.92E+07	0.00E+00
L9	3.92E+07	3.92E+07

2. 不同工况下摩擦材料接触压力分布

1) 静态工况

图 5.12 所示为静态工况下非均匀压力中心分别为 L1~L9 时摩擦材料试样磨损面上接触压力分布云图。由图中可以看出，L1~L9 试验下接触压力最大值都出现在非均匀压力的中心上，原因是静态工况下，只有法向压力，没有摩擦力的影响，不存在载荷转移，图 5.12 中 L4、L5 和 L6 试验时的非均匀压力中心处在竖直中心轴线上，接触压力呈左右对称分布；L2、L5 和 L8 试验时的非均匀压力中心处在水平中心轴线上，接触压力呈上下对称分布。

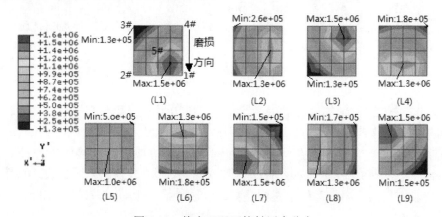

图 5.12　静态工况下接触压力分布

由(L1)、(L2)和(L3)可以看出，当非均匀压力中心都处于右侧竖直线上时，最大接触压力为 1.5MPa，出现在 L1 和 L3 上；由(L4)、(L5)和(L6)可以看出，当非均匀压力中心都处于中心竖直线上时，最大接触压力为 1.3MPa，出现在 L4 和 L6

上；由(L7)、(L8)和(L9)可以看出，当非均匀压力中心都处于左侧竖直线上时，最大接触压力为1.5MPa，出现在 L7 和 L9 上。上述结果说明最大接触压力容易出现在摩擦材料试样的四周。因此，摩擦材料试样边缘处是容易造成接触压力过大，产生局部偏磨的区域。

2) 准静态旋转工况

图 5.13 所示为准静态旋转工况下非均匀压力中心分别为 L1～L9 时摩擦材料试样磨损面上接触压力分布云图。由图中可以看出，L1~L9 试验下接触压力最大值都出现在进摩擦区上，即 3# 和 4# 之间，最小接触压力都出现在出摩擦区上，即 1# 和 2# 之间，这是因为旋转过程中存在摩擦力，摩擦力产生旋转压紧作用，使得先进入摩擦的地方接触压力更大，且都呈不对称分布。图 5.13 中 L1、L2、L3 试验下，最大接触压力出现在竖直中心轴的右侧；L4、L5、L6 试验下，最大接触压力都出现在竖直中心轴线上；L7、L8、L9 试验下，最大接触压力都出现在竖直中心轴左侧。原因是非均匀压力中心分别作用在中心轴右侧、中间、左侧。

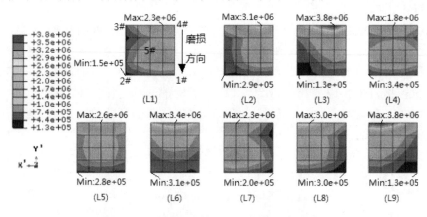

图 5.13　准静态旋转工况下接触压力分布

由(L1)、(L2)和(L3)可以看出，当非均匀压力中心都处于右侧竖直线上时，接触压力最大值为3.8MPa，且非均匀压力中心越向上，接触压力越大；由(L4)、(L5)和(L6)可以看出，当非均匀压力中心都处于中心竖直线上时，接触压力最大值为3.4MPa，也是非均匀压力中心越向上，接触压力越大；由(L7)、(L8)和(L9)可以看出，当非均匀压力中心都处于左侧竖直线上时，最大接触压力为3.8MPa，变化规律与前两者相同，非均匀压力中心处在左右两侧竖直线时的接触压力分布对称，大小相等。比较静态工况时的接触压力分布云图可知，准静态旋转工况下的接触压力分布云图更复杂，接触压力更大。

3) 磨损工况

图 5.14 所示为磨损工况下非均匀压力中心分别为 L1～L9 时摩擦材料试样磨损面上接触压力分布云图。由图中可以看出,L1～L9 试验下接触压力最大值都出现在进摩擦区;即 3# 和 4# 之间,最小接触压力都出现在出摩擦区上,即 1# 和 2# 之间。原因和准静态旋转工况时相同,图中 L1、L2、L3 试验时,最大接触压力出现在竖直中心轴的右侧,但是在 L4 试验后,接触压力最大值都转移到了竖直中心轴的左侧。与图 5.12 中准静态旋转工况下的接触压力分布云图相比,磨损面上最大接触压力随着非均匀压力中心变化向左转移的速度更快,说明非均匀压力易使磨损变得更不均匀。

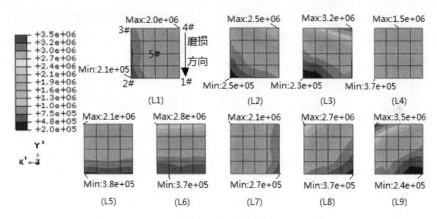

图 5.14　磨损工况下接触压力分布

由(L1)、(L2)和(L3)可以看出,当非均匀压力中心都处于右侧竖直线上时,接触压力最大值为 3.2MPa,且非均匀压力中心越向上,接触压力越大;由(L4)、(L5)和(L6)可以看出,当非均匀压力中心都处于中心竖直线上时,接触压力最大值为 2.8MPa,也是非均匀压力中心越向上,接触压力越大;由(L7)、(L8)和(L9)可以看出,当非均匀压力中心都处于左侧竖直线上时,接触压力最大值为 3.5MPa,变化规律与前两者相同,非均匀压力中心处在左右两侧竖直线时的接触压力分布对称,但大小不再相等,明显当非均匀压力中心处于左侧竖直线上时接触压力更大。

综合以上分析可以看出,磨损面上接触压力分布和大小不仅受到磨损方向的影响,还受到非均匀压力分布的影响,且非均匀压力分布使得磨损工况下的接触压力分布更复杂。

5.2.4　压力分布对摩擦材料摩擦磨损特性的影响

压力是一个影响材料摩擦性能参数的重要因素,由于不同压力分布下材料的摩擦磨损机理不同,因此摩擦磨损性能与压力分布存在复杂的对应关系。研究压力分布对摩擦磨损性能参数影响的重要性，不仅仅在于可以获得摩擦片摩擦磨损性能随着压力分布变化的基本规律，而且可以为合理确定制动压力大小和分布提供重要的基础数据。

1. 接触压力不均匀度和磨损深度不均匀度

由 5.2.3 节中压力分布对摩擦材料表面接触压力的影响分析可知，当压力分布不均匀时，磨损面上的接触压力分布非常不均匀。同理可知，摩擦磨损也会表现出同样的趋势，因此分析压力分布对摩擦材料试样摩擦磨损性能的影响是非常有必要的。

本节提出利用接触压力不均匀度 NU_{pi}（i 表示工况，共 3 个工况）和磨损深度不均匀度 NU_h 两个概念来表示磨损面上接触压力分布的不均匀和磨损深度分布的不均匀程度，以此来评估压力变化对摩擦材料磨损性能的影响，用公式可以表示为

$$NU_{pi} = \frac{p_{max} - p_{min}}{\bar{p}} , \quad i = 1,2,3 \tag{5.16}$$

$$NU_h = \frac{h_{max} - h_{min}}{\bar{p}} , \quad \bar{h} = \frac{V}{S} = \frac{V}{4B^2} \tag{5.17}$$

式中，p_{max}、p_{min}、$\bar{p}$ 分别代表摩擦材料的接触压力最大值、接触压力最小值、平均接触压力；h_{max}、h_{min}、$\bar{h}$ 分别代表摩擦材料的最大磨损深度、最小磨损深度、平均磨损深度；V 为磨损体积；S 为摩擦材料上表面面积。

采用 5.2.3 节正交试验中的因素和水平，利用 ABAQUS 软件分别分析非均匀压力中心为 L1～L9 时的磨损深度、接触压力不均匀度 NU_{pi} 和磨损深度不均匀度 NU_h，探究正交试验因素中的主要影响因素。

2. 基于正交试验的摩擦磨损性能分析

圆盘和摩擦材料试样滑动摩擦磨损仿真过程中所获得的磨损深度不均匀度 NU_h 和接触压力不均匀度 NU_{pi} 如表 5.5 所示。由表中可知，L2 和 L3 试验下的平均磨损深度最大，L1 试验下的平均磨损深度最小，L3 试验下的最大接触压力与最小接触压力之差最大，且磨损深度不均匀度 NU_h 也在 L3 试验下最大，表明当非均匀压力中心处于 L3 时，磨损深度最大且跨越幅度和不均匀度也最大；对于接触压力不均匀度 NU_{pi}，静态工况、准静态旋转工况和磨损工况下都是在 L9 试验时最大。以上说明了摩擦材料试样上，L3 和 L9 位置是两个危险区域，应避免压力中心作用在摩擦材料试样上半部分的左右两侧，否则容易造成局部接触压力过大和局部磨损严重的情况。

表 5.5　正交试验分析结果

试验	$\bar{h}$ /mm	$(h_{max}-h_{min})$/mm	NU_h	NU_{p3}	NU_{p2}	NU_{p1}
L1	0.112	0.166	1.48	1.29	1.47	1.55
L2	0.116	0.263	2.27	2.01	2.23	2.30
L3	0.116	0.390	3.37	2.51	2.77	2.86
L4	0.114	0.071	0.62	0.54	1.00	1.10
L5	0.114	0.164	1.44	1.46	1.82	1.91
L6	0.114	0.271	2.37	2.27	2.61	2.72
L7	0.113	0.140	1.24	1.39	1.59	1.63
L8	0.113	0.238	2.11	2.21	2.35	2.37
L9	0.113	0.364	3.23	2.80	2.89	2.95

为了了解 k_1、k_2（正交试验因素）对磨损深度不均匀度 NU_h 和接触压力不均匀度 NU_{pi} 的影响，本文采用极差（R_j）分析法来讨论，R_j 值越大，说明该因素越重要，反之，该因素越不重要。磨损深度不均匀度 NU_h 和接触压力不均匀度 NU_{pi} 的极差结果 R_j 如表 5.6 所示。

表 5.6　磨损深度不均匀度 NU_h 与接触压力不均匀度 NU_{pi} 极差结果

NU_h	因素		NU_{pi}	因素					
	k_1	k_2		k_1	k_2	k_1	k_2	k_1	k_2
R_{1j}	2.37	1.11	R_{1j}	1.94	1.07	2.16	1.35	2.24	1.43
R_{2j}	1.48	1.94	R_{2j}	1.42	1.89	1.81	2.13	1.91	2.19
R_{3j}	2.19	2.99	R_{3j}	2.13	2.53	2.28	2.76	2.32	2.84
R_j	0.89	1.88	R_j	0.71	1.46	0.47	1.41	0.41	1.41
备注	$k_1<k_2$		备注	$k_1<k_2$ (NU_{p3})		$k_1<k_2$(NU_{p2})		$k_1<k_2$(NU_{p1})	

由表 5.6 可以看出，磨损深度不均匀度 NU_h 和接触压力不均匀度 NU_{pi} 对应的 R_j 值都是 $k_1<k_2$，而 k_1 和 k_2 分别为摩擦材料试样磨损面上局部坐标系中压力分布沿 x' 和 y' 的斜率，说明沿 y' 的斜率对 NU_h 和 NU_{pi} 的影响大。本文以磨损深度不均匀度 NU_h 和接触压力不均匀度 NU_{pi} 表征圆盘和摩擦材料试样在非均匀压力下摩擦磨损性能的优劣，即 NU_h 和 NU_{pi} 越小，摩擦磨损性能越好，根据这个准则，选择 NU_h 和 NU_{pi} 两者中较小的对应值，由表 5.6 得到，k_1 为 R_{2j}，k_2 为 R_{1j}，即压力中心在 L4 时，磨损深度不均匀度 NU_h 和接触压力不均匀度 NU_{pi} 最小，即摩擦磨损性能最好。且由表 5.5 可以看出，L4 下的磨损深度不均匀度 NU_h 和接触压力不均匀度 NU_{pi} 所

对应的四个值的确为最小的,比相应的次小值分别减小了50%、75%、32%、29%,说明了利用正交试验法确定非均匀压力分布对摩擦磨损性能的影响是正确的,同时,也说明了当压力中心处在摩擦材料试样下半部分中心时,摩擦磨损不均匀度最小,磨损性能最好,可为盘式制动器摩擦片的设计提供参考。

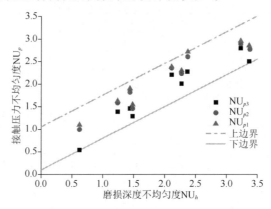

图 5.15　接触压力不均匀度与磨损深度不均匀度关系图

图 5.15 所示为磨损深度不均匀度 NU_h 和接触压力不均匀度 NU_{pi} 的关系图,由图可知,磨损深度不均匀度 NU_h 与接触压力不均匀度 NU_{pi} 的关系点处在曲线 $y = 1.059 + 0.70084x$ 与 $y = 0.1055 + 0.70084x$ 之间,近似呈一种线性关系,接触压力的不均匀会导致磨损深度的不均匀。因此,在对盘式制动器摩擦片进行设计时,应充分考虑非均匀压力的影响,以便减少接触压力不均匀引起的局部磨损严重的现象。

5.3　盘式制动器热摩擦磨损研究

5.3.1　热摩擦磨损数值模拟方法的实现

盘式制动器工作时,制动盘和摩擦片的接触作用属于热-应力-磨损三者耦合问题,这种问题无法用解析法解决,只能用数值法求解,但仅凭一个有限元软件也不能直接模拟。因此,对热摩擦磨损的数值模拟方法进行研究是非常必要的。

图 5.16 所示为盘式制动器热摩擦磨损数值模拟方法的实现过程。由图中可知,其数值仿真原理如下:首先,建立盘式制动器热机耦合模型,对耦合模型进行仿真分析,获取摩擦片表面节点温度等参数;接着,采用树脂基复合摩擦材料的摩擦磨损模型计算摩擦片表面的磨损深度;最后,调整摩擦片表面节点坐标,实现其磨损量的改变。重复上述步骤,直至达到设定的仿真时间或制动距离。

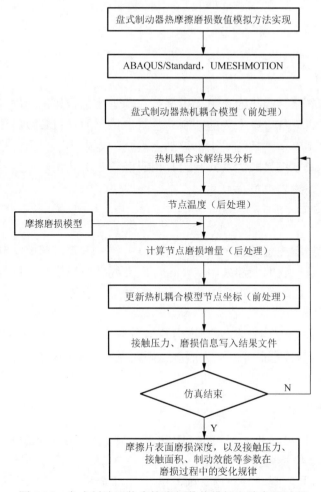

图 5.16　盘式制动器热摩擦磨损数值模拟方法实现过程

盘式制动器热摩擦磨损数值模拟方法的具体实现过程如下：

（1）采用 ABAQUS 软件，分别建立模拟热机耦合试验和惯性台架试验的盘式制动器热机耦合模型和摩擦磨损模型，同时定义摩擦片网格自适应区域，并采用用户子程序 UMESHMOTION 控制欲制动盘接触的摩擦片表面节点运动，其运动规律通过嵌入摩擦磨损模型来实现。

（2）利用惯性台架试验验证盘式制动器热摩擦磨损数值模型。

（3）参数化仿真研究摩擦片表面磨损深度，以及磨损体积、接触压力、接触面积、制动效能等参数在磨损过程中的变化规律。

5.3.2 热摩擦磨损数学模型建立

1. 有限元模型

盘式制动器热摩擦磨损的有限元模型是在基于惯性台架试验的基础上建立的，与热机耦合的有限元模型是一致的。制动盘与摩擦片的材料参数设置也一致，将制动盘的内表面定义为运动耦合约束，控制点为制动盘中心，采用拉格朗日法描述制动盘和摩擦片之间摩擦接触的法向行为，用罚函数定义其切向行为，制动盘与摩擦片之间的摩擦系数如表 5.2 所示。

2. 磨损模型

盘式制动器热摩擦磨损的磨损模型与本章中树脂基复合摩擦材料摩擦磨损仿真采用的磨损模型是一致的，都采用 Archard 广义线性磨损模型，假设局部磨损深度与局部接触压力和相对滑动距离成比例，其模型可表示为

$$\Delta h = k_E p \Delta s \tag{5.18}$$

式中，Δh 为磨损深度增量；k_E 为有量纲磨损系数，Pa^{-1}；p 为均匀接触压力，Pa；$\Delta s = r d\theta$ 为滑动距离增量，m；r 为磨损点距离圆盘中心的径向距离，m；$d\theta$ 为角度增量，rad。

3. 边界条件确定

由于采用 Archard 线性磨损模型，因此连续制动工况仅为紧急制动工况的叠加，所以盘式制动器热摩擦磨损数值仿真只包含 1 个工况，即紧急制动工况。制动盘的初始速度为 $60km/h$，制动时间为 3.7s，包含 3 个分析步：第一个分析步中，在摩擦片上表面施加恒定压力 $P = 3.426MPa$，同时约束其面内自由度，再固定控制点的 6 个自由度；第二个分析步中，释放控制点 Z 向的旋转自由度，同时以角速度的形式对其施加旋转惯性力，大小为 $8.2rad/s$，其他边界条件与第一步相同；第三个分析步中，采用 ALE 自适应网格技术模拟磨损过程，在控制点上施加绕 Z 向的旋转角度，其他边界条件与第二步相同。

5.3.3 紧急制动工况下热摩擦磨损仿真分析

1. 磨损体积与摩擦力矩分析

图 5.17 所示为摩擦片磨损体积与摩擦力矩试验与仿真对比图。由图中可以看出，磨损体积仿真值随制动时间的增加线性增长，制动结束时，磨损体积仿真值为 $5600mm^2$，磨损体积试验值为 $5452.4mm^2$，二者之间的误差为 2.6%，误差较小，说

明仿真值和试验值有较高的吻合；摩擦力矩仿真值是恒定值，大小为 6784.812N·m，摩擦力矩试验值为一系列散点，平均值为 6752.878N·m，二者之间的误差为 0.47%，说明摩擦力矩仿真值也与试验值吻合程度较高。因此，通过以上分析可知，制动摩擦对偶件间的热摩擦磨损仿真与惯性台架磨损试验结果基本一致，验证了盘式制动器热摩擦磨损仿真模型建模的正确性。

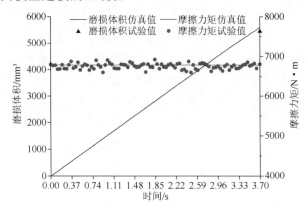

图 5.17　磨损体积与摩擦力矩试验与仿真对比图

2. 磨损深度分析

由盘式制动器惯性台架试验可知，摩擦片上周边的点更容易磨损，为了更全面地了解和分析摩擦片上不同点的磨损深度规律，选取摩擦片磨损面上周边部分节点及径向和周向节点进行研究，如图 5.18(a) 所示，a～j 为周边分析点，1～13 为径向分析点，取为 path-1；如图 5.18(b) 所示，1～36 为周向分析点，取为 path-2。

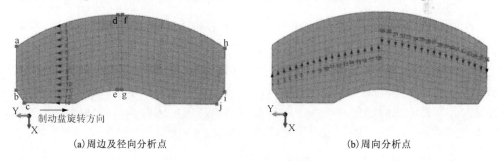

(a)周边及径向分析点　　　　　　　　　(b)周向分析点

图 5.18　选定的磨损深度分析点

图 5.19 所示为周边节点 a～j 的磨损深度随时间变化的仿真与试验对比图。由图中可知，图中制动时间为 3.7s 时对应的 10 个点为磨损深度试验值，其值从 a 到 j 依次为 0.3081mm、0.301mm、0.258mm、0.211mm、0.196mm、0.21mm、0.194mm、0.15mm、0.0985mm、0.097mm；磨损体积仿真值随着制动时间增加而增加，但制

动前期时出现了小幅度的波动，原因是此时段还处于磨损磨合期，当制动结束时，磨损体积从 a 到 j 依次为 0.3067mm、0.3036mm、0.274mm、0.213mm、0.205mm、0.212mm、0.203mm、0.149mm、0.1mm、0.098mm，与相应的试验值之间的误差分别为 0.45%、0.86%、6.2%、0.94%、4.5%、0.95%、4.6%、0.67%、1.5%、1.03%，都小于10%，说明磨损深度仿真值与试验值吻合程度较好，进一步验证了盘式制动器热摩擦磨损仿真模型建立的正确性。

　　由图 5.19 还可以看出，同一周向位置处，磨损半径越大，其磨损深度越大，例如 a、b、c 散点的磨损深度，其他三个周向位置处也是；由 a、d、f 和 h 点的磨损深度可知，a 处于进摩擦区，h 处于出摩擦去，同一半径处，越靠近进摩擦区，磨损深度越大，其他两个半径处也是，这个结论与第 4 章树脂基复合摩擦材料摩擦磨损得到的结论是一致的。为进一步了解磨损深度在摩擦片径向及周向的分布规律，取径向节点 path-1 和周向节点 path-2 做进一步的研究。

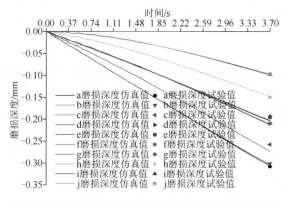

图 5.19　周边节点 a~j 磨损深度试验与仿真对比图

　　图 5.20 所示为径向节点 paht-1 和周向节点 paht-2 的磨损深度规律图。由图中可以看出，径向节点的磨损深度随着编号的增加而逐渐减小，即随着磨损半径的减小而逐渐减小，近似呈线性；周向节点的磨损深度随着编号的增加呈现出三段状态，先是快速减小，而后缓慢减小，再是快速减小，说明进出口摩擦区域的节点磨损差值较大，容易造成局部偏磨，而中间部分则磨损均匀，因此盘式制动器摩擦片两侧的磨损需要格外注意，磨损报警装置应重点布置在这两处区域。

3. 接触面积与接触压力分析

　　图 5.21 所示为摩擦片与制动盘在制动过程中实际接触面积与名义接触面积对比图。24.5 时盘式制动器的名义工作面积，即名义接触面积为 49340mm²，则单个摩擦片名义接触面积为 24670mm²，如图中曲线 2 所示；图中曲线 1 表示制动过程中实际接触面积的变化趋势，可知实际接触面积并不是恒定不变的，制动开始时，接

触面积变化幅度较大，原因是此时处于磨损磨合阶段，接触面积不稳定引起的。当磨损逐渐趋于稳定，波动幅度有所减小，但磨损不均匀仍然导致波动幅度的存在，实际接触面积的整体趋势是增加的，平均值为 24290.2 mm²，是名义接触面积的 98.5%，说明摩擦片并不是整个都处于工作状态，这也是出现磨损不均匀的原因。

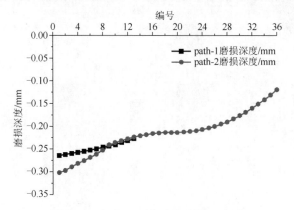

图 5.20　径向及周向节点磨损深度图

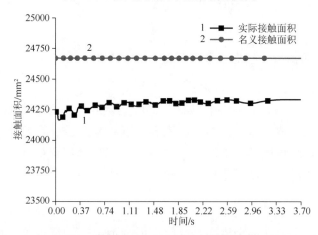

图 5.21　实际接触面积与名义接触面积对比图

图 5.22 所示为三个工况下摩擦片接触压力分布云图。由图可知，静态接触时，摩擦片的最大接触压力处于接触中心，向四周逐渐减小，原因是摩擦片只承受正向压力；准静态旋转工况时，接触压力在摩擦力的作用下向进摩擦区域转移，接触压力最大值出现在进摩擦区最左面；磨损工况时，摩擦片表面接触压力分布更加不均匀，相比较盘式制动器热机耦合接触压力分析，最大接触压力占据进摩擦区的面积更大，说明磨损比温度更容易使摩擦片产生局部过大的接触压力，反过来使得磨损更加严重。

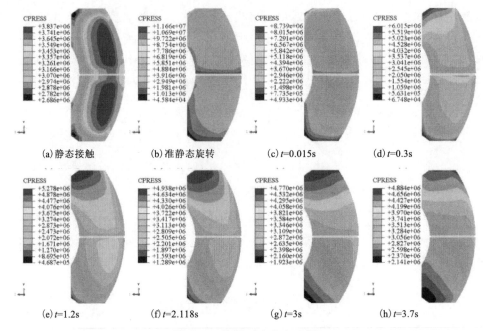

(a) 静态接触　　　　　(b) 准静态旋转　　　　　(c) t=0.015s　　　　　(d) t=0.3s

(e) t=1.2s　　　　　(f) t=2.118s　　　　　(g) t=3s　　　　　(h) t=3.7s

图 5.22　接触压力分布云图

5.3.4　温度对磨损深度、接触面积及接触压力的影响

在盘式制动器制动过程中，摩擦对偶副的材料、表面加工情况、压力、温度及相对滑动速度都会对摩擦磨损产生影响，其中温度和压力是影响摩擦系数、接触压力、磨损深度及磨损表面状态的重要因素，温度对摩擦系数的影响在 5.1.2 节已详细讨论，压力对磨损深度和接触压力的影响在 5.2.3 节和 5.2.4 节中得到体现，本节将重点介绍盘式制动器制动过程中温度对摩擦磨损的影响。

1. 温度对磨损深度的影响

在进行盘式制动器热摩擦磨损仿真时，取消调用热机耦合节点温度，即忽略摩擦过程中的温升，然后按照仿真流程再次对制动过程进行模拟，取图 5.18(a) 中节点 a、b、c、h、i 和 j 进行有无温度磨损深度对比分析，如图 5.23 所示。

由图 5.23(a) 可知，节点 a 在有温度时的磨损深度大于无温度时的磨损深度，制动停止时，有温度磨损深度值为 0.3067mm，无温度磨损深度值为 0.2913mm，增大约 5.02%；由图 5.23(b) 可知，节点 b 在有温度时的磨损深度也大于无温度时的磨损深度，但在制动中间阶段大致相等，制动停止时，有温度磨损深度值为 0.3036mm，无温度磨损深度值为 0.2905mm，增大约 4.3%；由图 5.23(c)、(h)、(i)、(j) 可知，节点 c、h、i 和 j 在有温度时的磨损深度都小于无温度时的磨损深度，无温度时的磨损深度分别是 0.2884mm、0.1872mm、0.1364mm、0.1314mm，减小分别约 4.9%、20.4%、26.6%、25.4%，其中节点 i 和节点 j 减小的幅度较大。这种变化情况说明了温度使局部偏磨更严重，导致进摩擦区上半部分的磨损深度增大，出摩擦区的磨损深度减小。

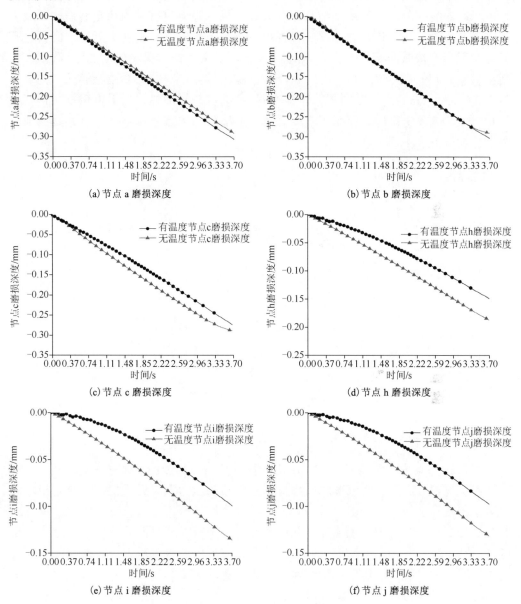

图 5.23　温度对磨损深度的影响

2. 温度对接触面积的影响

图 5.24 所示为温度对接触面积影响规律图。由图中可知，曲线 2 表示无温度接触面积，由于磨损不均匀，其形状类似正弦曲线，到制动后期逐渐趋于平稳；曲线 1 表示有温度接触面积，制动前期波动幅度很大，除了没有进入稳定磨损这一原因外，也是因为制动初期，温升很大，加剧了磨损不稳定性，制动中后期，磨损趋于稳定。无温度接触面积平均值为 24318.2mm²，名义接触面积为 24670mm²，则工作面积占总面积的 98.6%。由 5.3.3 节可知，制动过程中，有温度接触面积平均值为 24290.2 mm²，占名义接触面积的 98.5%，则有温度接触面积比无温度接触面积减少了 0.12%，这种变化情况说明了温度会减小摩擦副间的有效接触面积，尤其在制动前期，加剧磨损不稳定性。

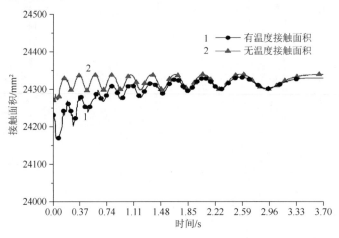

图 5.24　温度对接触面积的影响

3. 温度对接触压力的影响

图 5.25 所示为无温度时三个工况下摩擦片接触压力云图。对比图 5.22 可知，静态接触工况和准静态旋转工况时，摩擦片上的接触压力大小近乎相等，分布相同，说明了温度几乎对这两个工况没有影响，主要作用于磨损工况。对比两图磨损工况的图 5.22(c)、(d)可知，无温度时的接触压力大于有温度时的，就分布而言，无温度时，除了进摩擦区和出摩擦区两处，整个摩擦片上的接触压力分布均匀；而有温度时，摩擦片上的接触压力梯度明显。对比两图 5.22(e)、(f)、(g)、(h)可知，无温度时的接触压力均小于有温度时的。由上述分析可知，无温度时的接触面积大于有温度时的，因此当磨损进入稳定阶段时，出现上述现象；无温度时的接触压力分布也出现了明显的梯度，对比有温度时的接触压力分布可以发现，无温度时的接触

压力较大值所占的区域较大。当制动停止时，无温度时的接触压力最大值分布在进摩擦区，有温度时的接触压力最大值只在进摩擦区的边缘处，即图 5.18(a)中的 a 点处，这也揭示了 a 点磨损深度大的原因。通过以上分析可知，温度会导致接触压力增大，且容易集中在进摩擦区边缘位置，造成局部接触压力过大，从而加剧局部偏磨。

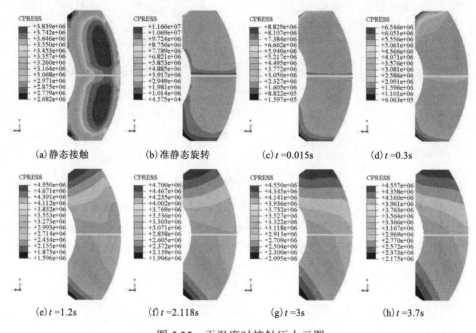

图 5.25　无温度时接触压力云图

5.4　盘式制动器热磨损失效机理

由于制动摩擦作用，摩擦表层材料产生转移和流失，形成磨损，导致摩擦副间的距离增大，从而影响制动力矩和制动效能等性能参数。因此，摩擦片磨损直接关系到制动器的制动性能和使用寿命，也是盘式制动器的主要失效形式之一，深入开展盘式制动器制动过程中摩擦片的热磨损机理研究，对控制摩擦和降低磨损具有重要的意义。

5.4.1　摩擦片主要磨损形式

由 5.1.1 节可知，摩擦片所用的树脂基复合摩擦材料主要由黏结材料、增强纤维、矿物填料和摩擦性能调节剂四部分组成，图 5.26 所示为摩擦片磨损前后表面形貌的照片，图 5.26(a)和(b)分别代表磨损前和磨损后，由图 5.26(a)可知，未磨损的摩擦片材料分布比较均匀；由图 5.26(b)可知，摩擦制动对摩擦片表面造成了一定程度的破坏，归结起来主要为磨粒磨损、黏着磨损、切削磨损和疲劳磨损。

(a)磨损前

(b)磨损后

图 5.26　摩擦片磨损前后磨损形貌

1. 磨粒磨损

在摩擦片材料制造过程中，为了提高摩擦系数，在摩擦片材料中添加了硅酸锆 $ZrSiO_4$、氧化铝 Al_2O_3、铁粉等硬质增磨材料，在摩擦片制动过程中，其表面材料中比较硬的粒子会被制动盘表面的微凸起剥落，或因为摩擦副间的高温使黏结材料酚醛树脂和丁腈橡胶发生软化，黏结力下降，硬质粒子从摩擦片基体脱离形成磨屑，即形成摩擦片材料的磨粒磨损[10]。这些硬质粒子在摩擦界面间进行滚动摩擦，不仅加剧了摩擦片的磨损，还会导致制动盘表面被擦伤，进而形成犁沟。图 5.27 所示为在摩擦片制动过程中观察到的磨粒磨损现象，其中图 5.27(a)为发生松动的增磨粒子，图 5.27(b)为增磨粒子从摩擦片表面脱落后留下的凹坑。

(a)松动的增磨粒子

(b)粒子脱落留下的凹坑

图 5.27　摩擦片磨粒磨损

对于树脂基复合摩擦材料而言，以磨粒磨损为主的体积磨损量计算公式为[11]

$$\Delta W = qW \tag{5.19}$$

式中，q 为磨损指数；W 为摩擦消耗的功，$N \cdot m$。

$$W = FL \tag{5.20}$$

式中，F 为摩擦力，N；L 为摩擦距离，m。

摩擦消耗的功 W 也可以通过制动压力 P 和摩擦系数 μ 表示：

$$W = \mu PL \tag{5.21}$$

则磨损指数为

$$q = \frac{\Delta W}{W} = \frac{\Delta W / PL}{\mu} \approx \frac{A'}{\mu} = C_1 \frac{rP}{\mu G} \tag{5.22}$$

式中，A' 为摩擦因数；r 为摩擦片表面不平整度，用凸起点的曲率半径表示，m；G 为摩擦片材料的剪切模量，N/m²；C_1 为试验常数。

磨损程度指数可以用抗磨损指数 q' 来表示，即

$$q' = \frac{1}{q} = C_1 \frac{\mu G}{rP} \tag{5.23}$$

因此，由式(5.23)可知，当摩擦系数一定时，增大摩擦材料的剪切模量，抗磨损指数会增加，有利于提高耐磨性；而如果增加摩擦表面粗糙度和载荷，则抗磨损指数会减小，即耐磨性降低。

2. 黏着磨损

摩擦片与制动盘受到制动压力，表面微凸体会由于受到应力作用而发生塑性变形，导致一些接触点之间的范德华力出现[12]，当摩擦片表面没有氧化膜时，则摩擦界面通过分子作用产生黏着。制动过程中，制动盘的转动会导致摩擦片表面材料上的有些小颗粒黏着到制动盘上，有时被黏着的颗粒又回到摩擦片上，造成反黏着，摩擦片表面材料通过不断的黏着、反黏着和挤压，发生硬化、疲劳和氧化，从而形成游离态的磨屑并脱落下来，形成了摩擦片材料的黏着磨损[10]。图 5.28 所示为在摩擦片制动过程中观察到的黏着磨损现象，其中图 5.28(a) 为低温时的黏着，低温黏着是由局部接触点因为塑性变形产生的冷焊作用引起的，焊接点被外力剪切，形成点状分布的剪切破坏；图 5.28(b) 为高温时的黏着，高温黏着表现为大面积材剥落，而不仅仅局限于接触点之间。

 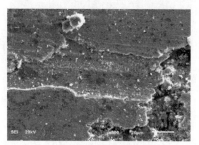

(a)低温黏着(点剪切)　　　　　　　　(b)高温黏着(面撕裂)

图 5.28　摩擦片黏着磨损

摩擦片材料的黏着磨损量计算公式为[11]：

$$\Delta W = K\xi\sqrt{1+a\mu^2}\,\frac{P}{\mathrm{HB}} \tag{5.24}$$

式中，K 为金属接触部分的概率；ξ 为氧化膜磨损量系数；a 为常数，其数值由试验确定；μ 为摩擦系数；P 为制动压力，MPa；HB 为摩擦片材料硬度，$\mathrm{N/mm^2}$。

则由式(5.24)可知，黏着磨损时，摩擦片材料的磨损取决于摩擦系数和摩擦片硬度，通过减小摩擦系数，增大摩擦片材料硬度可以降低磨损，但是过低的摩擦系数又不能满足制动要求，而过高的硬度又会导致制动盘表面发生擦伤。因此，摩擦材料性能极大地影响了摩擦副的磨损，需要通过大量试验确定摩擦副所要采用的摩擦系数和硬度。

3. 切削磨损

由于微凸体的存在，制动盘与摩擦片表面并不是完全平的，制动时，制动盘表面比较硬的微凸体会被压入摩擦片材料中，并随着制动盘的转动，这些微凸体就像一把把刀子，在摩擦片表面形成划痕和犁沟。不仅如此，摩擦片表面脱落的硬质粒子也会有一些留在摩擦副间，在制动压力作用下进入摩擦片表层，跟随制动盘转动，在摩擦片表层切削和犁沟，进而形成摩擦片材料的切削磨损。图 5.29 所示为在摩擦片制动过程中观察到的切削磨损现象，其中图 5.29(a)为切削磨损下摩擦片局部表面形貌，可以看出一道道划痕；图 5.29(b)为切削磨损在摩擦片材料表层形成的破坏，已经露出了白色的纤维。

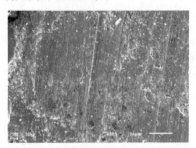 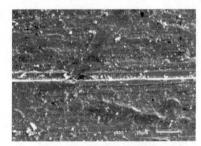

(a)切削划痕　　　　　　　　　　　　　　(b)切削对表层材料的破坏

图 5.29　摩擦片切削磨损

4. 疲劳磨损

盘式制动器制动时，摩擦片与制动盘在制动压力的作用下，产生应力和塑性变形，经过长时间多次的交替作用，摩擦片表面一些比较薄弱的地方将会产生疲劳裂纹，并逐渐扩展，最后脱落，以细小的薄片形式[10]。此外，由于制动过程中，摩擦片表面温度逐渐升高，加之热应力的重复作用，摩擦片表面上的裂纹将得到快速扩展，从而致使摩擦片表层材料形成疲劳磨损。

　　对于树脂基复合摩擦材料来说，酚醛树脂、增强纤维、矿物填料颗粒三者之间的黏结强弱决定了摩擦片表面的疲劳性能。一般的疲劳磨损是由于应力点上的树脂与增强纤维间的黏结作用遭到破坏引起的，但当摩擦温度升高到一定程度时，树脂材料碳化，黏结作用减小，甚至丧失，导致摩擦片表层材料急剧磨损[10]。图 5.30 所示为在摩擦片制动过程中观察到的疲劳磨损现象，其中图 5.30(a)为疲劳磨损形成的摩擦片表层材料的片状剥落；图 5.30(b)则显示了疲劳磨损在摩擦片材料表层形成的裂纹。

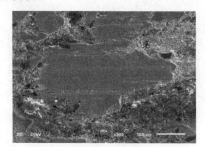 

(a)疲劳产生的剥落　　　　　　　　　　　　　　(b)疲劳形成的裂纹

图 5.30　摩擦片疲劳磨损

　　由上述分析可得，摩擦片材料在盘式制动器制动过程中主要存在四种磨损形式，即磨粒磨损、黏着磨损、切削磨损和疲劳磨损。但是，这些磨损形式不是单独存在的，且这些磨损形式之间还可能相互转化。对树脂基复合摩擦材料和灰铸铁制动盘组成的摩擦副而言，由于摩擦材料的复杂性和制动的频繁性，经常发生几种磨损形式共存的现象。

5.4.2　温度对摩擦片磨损类型的影响

　　在盘式制动器制动过程中，可将制动盘与摩擦片之间的接触看作是平面与平面的接触，两者进行摩擦时，肯定会产生大量的摩擦热，又由于摩擦片材料树脂基复合摩擦材料成分的复杂性，因此，温度势必会影响其材料的化学及物理性能。此外，材料的磨损过程发生在摩擦副表面的微凸体上，受到接触区域应力状态、相对滑动速度和温度的影响，而相对滑动速度对磨损的影响也是通过温度作用的，接触区应力状态也主要体现在摩擦区域的温度场上。因此，分析温度对摩擦片摩擦磨损的影响对进一步探讨其磨损机理有很大的帮助。

　　图 5.31 所示为盘式制动器制动过程中，摩擦副处于不同温度状态时摩擦片表面形貌图，由图 5.31(a)可以看出，当摩擦副间温度为 100℃时，即在制动初期，摩擦片表面温度较低，磨损形式主要为磨粒磨损，黑色部分为硬质粒子脱落后留下的凹

坑,由于处在制动初期,摩擦副表面较粗糙,因此摩擦面间存在微凸体,所以图 5.31(a)中还存在一条由于微凸体剪切引起的划痕,说明伴随着切削磨损;随着制动的进行,温度逐渐升高,磨粒磨损逐渐减少,取而代之的是点接触的黏着磨损和疲劳磨损,如图 5.31(b)、(c)、(d)所示,这个过程中也伴随着切削磨损;到制动的中后期,摩擦片表面的温度达到较高的数值时,如图 5.31(e)、(f)所示,由于树脂等有机物将发生碳化甚至分解,磨损形式主要表现为面撕裂的黏着磨损,也存在切削磨损。因此,由以上分析可知,摩擦片磨损过程中,黏着磨损占主导作用,并伴随着切削磨损。

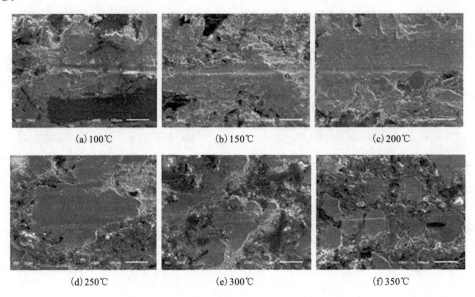

(a) 100℃　　　　　　　　(b) 150℃　　　　　　　　(c) 200℃

(d) 250℃　　　　　　　　(e) 300℃　　　　　　　　(f) 350℃

图 5.31　摩擦片表面在不同温度下的形貌

参 考 文 献

[1] Lu S R, Jiang Y M, Wei C. Preparation and characterization of EP/SiO hybrid materials containing PEG flexible chain[J]. Journal of Materials Science, 2009, 44(15): 4047-4055.

[2] Kang S, Hong S, Choe C R, et al. Preparation and characterization of epoxy composites filled with functionalized nanosilica particles obtained via sol-gel process[J]. Polymer, 2001, 42: 879-887.

[3] Satapathy B K, Bijwe J. Performance of friction materials based on variation in nature of organic fibres[J].Wear, 2004, 257(5-6):585-589.

[4] Mohanty S, Chugh Y P. Development of fly ash-based automotive brake lining[J]. Tribology International, 2007, 40(7):1217-1224.

[5] Zhao Y L, Lu Y F, Maurice A W. Sensitivity series and friction surface analysis of

non-metallic friction materials[J]. Materials & Design, 2006, 27 (10):833-838.

[6] Drava G, Leardi R, Portesani A, et al. Application of chemometrics to the production of friction materials: analysis of previous data and search of new formulations[J]. Chemometrics and Intelligent Laboratory Systems, 1996, 32 (2):245-255.

[7] Kim S J, Cho M H, Cho K H, et al. Complementary effects of solid lubricants in the automotive brake lining[J]. Tribology International, 2007, 40 (1):15-25.

[8] Luise G H, Allan B, Georg T, et al. Tribological properties of automotive disc brakes with solid lubricants[J]. Wear, 1999, 232 (2):168-175.

[9] Hong, U S, Jung S L, Cho K H, et al. Wear mechanism of multiphase friction materials with different phenolic resin matrices[J]. Wear, 2009, 266:739-744.

[10] 鲍久圣. 提升机紧急制动闸瓦摩擦磨损特性及其突变行为研究[D]. 中国矿业大学, 2009.

[11] 王涛, 朱文坚. 摩擦制动器原理、结构与设计[M]. 广州: 华南理工大学出版社, 1992.

[12] 张建, 唐文献, 谭雪龙, 等. 一种用于盘式制动器支架的强度校核方法[P]. 专利申请号: 201410274499.5. 2014,6,18.

第6章　制动器性能测试方法和装置

6.1　制动器试验标准简介

制动器是确保汽车安全行驶、可靠驻车的重要部件，而制动器的试验结果是评价制动器制动性能的重要指标。国内的制动器相关实验标准见表6.1。

表 6.1　制动器相关实验标准列表

序号	标准代码	标准名称
1	QC/T592—1999	轿车制动钳总成性能要求及台架试验方法
2	CJ/T240—2006	城市客车气压盘式制动器
3	QC/T316—1999	汽车行车制动器疲劳强度台架试验方法
4	QC/T239—1997	货车、客车制动器性能要求
5	QC/T479—1999	货车、客车制动器台架试验方法
6	GB5763—2008	汽车用制动器衬片
7	GB/T17469—2012	汽车制动器衬片摩擦性能评价小样台架试验方法
8	GB/T22309—2008	道路车辆制动衬片、盘式制动块总成和鼓式制动蹄总成剪切强度试验方法
9	JB/T10917—2008	钳盘式制动器

标准 QC/T592—1999 轿车制动钳总成性能要求及台架试验方法适用于质量 3.5t以下的轿车液压制动系统制动钳总成，规定了轿车液压盘式制动器中制动钳总成的性能要求与试验方法。具体包括密封性能、强度、耐久性、防水性、耐腐蚀性等性能要求和对应的试验方法[1]。

标准 CJ/T240—2006 城市客车气压盘式制动器适用于各类型城市客车气压盘式制动器，规定了城市客车气压盘式制动器产品的术语和定义、型号编制方法、要求、试验方法、检验规则、标志、包装、运输和储存[2]。

标准 QC/T316—1999 汽车行车制动器疲劳强度台架试验方法适用于汽车的行车制动器，规定了汽车行车制动器疲劳强度的台架试验方法。具体包括试验设备仪器的要求、试验条件、试验方法、试验设备的操作方法等[3]。

标准 QC/T239—1997 货车、客车制动器性能要求适用于总质量为 1800～30000kg 的货车、客车的液压驱动或气压驱动的行车制动器，标准对货车、客车的行车制动器总成规定了统一的性能指标[4]。

标准 QC/T479—1999 货车、客车制动器台架试验方法总质量为 1800～30000kg

的货车、客车的液压驱动或气压驱动的行车制动器，规定了制动器总成的台架试验项目、方法及程序。具体包括制动器效能试验、制动器热衰退恢复试验、制动器噪声测定和制动衬片/衬块磨损试验等[5]。

　　标准 GB 5763—2008 汽车用制动器衬片规定了汽车制动器衬片的术语、定义、分类、技术要求、试验方法、检验规则、标志、包装、运输与储存等[6]。

　　标准 GB/T 17469—2012 汽车制动器衬片摩擦性能评价小样台架试验方法适用于汽车盘式制动器衬片和汽车鼓式制动器衬片，不适用于驻车制动器制动衬片。标准规定了衬片摩擦磨损性能的小样台架试验程序及摩擦系数的级别和标记[7]。

　　标准 GB/T 22309—2008 道路车辆制动衬片、盘式制动块总成和鼓式制动蹄总成剪切强度试验方法适用于整体模压或黏结的汽车盘式制动块总成和鼓式制动蹄总成剪切强度的测定。规定了汽车制动块(蹄)总成剪切强度试验的术语、试样准备、试验设备与夹具、试验步骤、结果计算和报告内等[8]。

　　标准 JB/T 10917—2008 钳盘式制动器适用于以气缸、液压缸、电磁铁为驱动装置的钳盘式制动器。规定了钳盘式制动器的术语和定义、形式、技术要求、试验方法和检验规则等[9]。

6.2　制动器性能测试试验及方法

　　制动器性能测试包括制动器制动性能测试和制动器疲劳测试两种[10]。制动性能测试过程包括制动器效能试验、制动器热衰退恢复试验、制动器噪声测定和制动衬片/衬块磨损试验。其中效能试验和制动器热衰退恢复试验的试验步骤如下：磨合→第一次效能试验→第一次衰退恢复试验→第二次效能试验→第二次衰退试验→第二次磨合→第三次效能试验。制动器疲劳试验主要依靠疲劳试验台架对制动器的疲劳特性进行测试。

6.2.1　制动器效能试验

1. 第一次效能试验：测定制动器经过磨合后的输出制动力矩

1) 试验方法

　　(1) 制动初速度：对于 TL 类车，制动初速度为 30 和 50km/h 或 80%V_{max} 速度，但不得超过 80km/h；对于 TM 类车，制动初速度为 30km/h 和 50km/h 或 80%V_{max} 速度，但不得超过 65km/h；对于 TH 类车，制动初速度为 30km/h 和 50km/h。

　　(2) 制动管路压力，按被试制动器在汽车上所使用的液(气)压力范围(从最低值到最大值)每隔 1MPa(0.1MPa) 作为一级，或按使制动减速度大 TL 类 0.1～0.8g、TM 和 TH 类 0.1～0.65g 的制动管路压力，每 0.1g 作为一级，每次以规定的制动管路压力或制动减速度从制动初速度进行制动，直到速度为零。

(3) 制动器初始温度控制在 75～85℃。

(4) 制动次数，在每种制动初速度和每种制动管路压力 (或每种制动减速度) 下制动一次，在整个制动管路 (或制动减速度) 范围内最少做 5 次。

注：载重汽车分为轻、中、重型，分别被定义为 TL、TM 和 TH 类。

2) 测量项目

每次制动，记录制动初速度、制动管路压力 (制动减速度)、输出制动力矩，制动器初温、制动时间及制动噪声声级 (制动器噪声测定在效能试验中测试) 在同一图面类。

2. 第二次效能试验：检验制动器经过第一次衰退和恢复试验后的性能变化

试验方法和测量项目与第一次效能试验相同。

3. 第三次效能试验：检验制动器经过第二次衰退和第二次磨合后的性能变化

试验方法和测量项目与第一次效能试验相同。

6.2.2　制动器热衰退恢复试验

1. 第一次衰退恢复试验

检查制动器在多次连续使用时性能衰变及其冷却后的恢复能力。

1) 基准校核

调整制动器管路压力使制动减速度为 0.45g，从制动初速度为 30km/h 制动直到速度为零，进行 3 次基准校核，制动初温控制在 100℃以下。

2) 衰退试验

(1) 制动初速度为 65km/h (TL 类车) 或 50km/h (TM、TH 类车)；

(2) 制动管路压力，使制动减速度为 0.45g；

(3) 制动初温，第一次制动时制动器的初温为 75～85℃，关闭风机；

(4) 制动周期为 60s；

(5) 制动次数，从规定的制动初速度进行制动直到速度为零，共做 15 次；

(6) 衰退试验后，制动鼓 (盘) 以相当 30km/h 车速的运转，打开风机以 10m/s 的风速使制动器冷 3min 后开始恢复试验。

3) 恢复试验

(1) 制动初速度 30km/h；

(2) 制动管路压力，使制动减速度为 0.45g；

(3) 冷却，在整个试验过程中，以 10m/s 的风速冷却制动器；

(4) 制动次数，10 次；

(5)制动周期，60s 。

4)测量项目

每次制动记录制动初速度、制动管路压力(或制动减速度)、输出制动力矩、制动鼓(盘)温度、制动衬片(块)温度、制动时间、制动噪声声级，这些参数应记录在同一图面内。

2. 第二次衰退试验

检查制动器在以低的制动管路压力(制动减速度)长时间使用下的性能衰变情况。

1)试验方法

(1)制动初速度 40km/h (TL 类车)或 30km/h (TM、TH 类车)。

(2)制动管路压力，使制动减速度为 0.07g 。

(3)控制方式：恒定输出制动力矩、拖磨方式。

(4)制动时间：每次拖磨 40s (油压式)或 12s (气压式)，拖磨间断时间 60s (油压式)或 18s (气压式)，总试验时间 1800s 。

(5)制动器初始温度：第一次拖磨时制动器温度为室温。

(6)冷却：试验过程中关闭风机。

(7)如果试验设备无法进行恒定输出控制和拖磨方式，可采用下述方法：

制动初速度：30~60km/h；

制动管路压力，使制动减速度为 0.3g ；

制动器初始温度：第一次制动前为室温；

制动间隔：TL-40s，TM/TH-60s；

制动次数：60 次。

2)测量项目

每次制动时记录制动管路压力、输出制动力矩、制动鼓(盘)温度、制动衬片(块)温度、制动轮缸内制动液温度，通过观察、记录制动衬片(块)在第几次制动时发出烧焦味、冒烟；第几次制动出现气阻，气阻时制动衬片(块)温度。

试验结束后，打开通风机使制动器以低速运转直至其温度与室温一致，检查制动衬片(块)有无裂纹、积碳、烧焦及摩擦衬片(块)表面有无亮膜等。

如为液力驱动式制动器，应在试验停止后，继续记录制动液温度上升值，直至达到最高值，同时记录达到最高值的时间。

6.2.3　制动衬片/衬块磨损试验

1. 试验方法

在完成制动器的效能、衰退、磨合试验后，首先对每一制动衬片(块)选定的厚度进行精确测量，精确度0.01mm；如为干法成形的制动衬片(块)可称制动衬块总成的质量，精确度1g。

　　然后进行磨损试验：制动初速度30 km/h，制动初温不超过100℃、200℃、250℃各制动 500 次；制动初速度50km/h(TL 类除外)，制动初温不超过100℃、 200℃、250℃各制动 500 次；制动初速度65km/h(TL 类车)，制动初温不超过100℃、200℃、250℃各制动 500 次。制动管路压力调整到使制动减速度为0.3g，从制动初速度开始制动直至速度为零，用风机冷却，保持要求的制动器初温。

2. 测量项目

　　每次制动，测量制动衬片(块)指定点的厚度，计算制动衬片(块)的总磨损量。对于干法成形的制动衬片(块)，可在磨损试验结束后称制动衬块总成的质量，以计算出磨损重量值。

6.2.4　制动器疲劳强度台架试验

1. 试验方法

　　制动器疲劳强度台架试验具体试验程序如下：

　　(1)制动器安装在试验台上之前，应无异常现象，制动衬片(块)上无油脂、涂料等其他异物，制动鼓(盘)的摩擦表面应干净。根据需要测量制动器各部位的有关尺寸，并做记录。

　　(2)磨合：以相当于 3.43m/s² 减速度的制动力矩实施制，制动次数为 5000 次，当制动力矩稳定时可减少磨合次数。

　　(3)疲劳试验：以相当于 5.88m/s² 减速度的制动力矩实施制，在试验过程中，随时调整制动管压，以保证制动力矩稳定。

2. 试验设备及操作手法

　　制动器疲劳试验装置如图 6.1 所示。

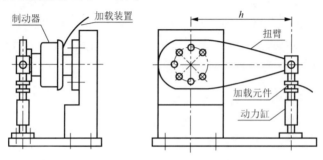

图 6.1　制动器疲劳试验台架原理图

具体试验操作步骤如下：

(1) 把扭臂装在制动鼓(盘)上，动力缸上下运动，牵动制动鼓(盘)转动。

(2) 制动鼓(盘)转动后，按一定周期开始加压，制动开始。

(3) 制动力矩根据式(6.1)计算

$$M = h \times P \tag{6.1}$$

式中，M 为制动力矩，N·m；h 为制动器中心线至动力缸中心的距离，m；P 为扭臂工作所需的力，N。

3. 检查

在试验过程中，当制动次数达到 50000 次时进行第一次检查，以后根据需要进行检查，试验结束后进行检查。需要检查的内容如下：

(1) 鼓式制动器检查内容：支撑部位(销孔)的变形；制动蹄铁的变形及磨损；制动底板的变形；安装部位的变形及松动；其他。

(2) 盘式制动器检查内容：制动衬块插入部位的变形；制动钳的变形；制动衬块的变形及磨损；安装部位的变形及松动；其他。

4. 记录试验结果

试验过程中需要记录磨合压力、磨合次数、制动的减速度、制动的压力、制动保持时间、制动力矩、实际制动次数、实测力矩、实测压力等参数。实验结束还需记录零部件测定位置的变形量。

6.3　制动器总成疲劳试验台架研制

6.3.1　制动器总成疲劳试验台架设计要求

1. 试验台基本原理

以盘式制动器为例，汽车行驶过程中，制动盘与车轮一起做旋转运动，需要刹车或驻车时，制动钳体上的摩擦片贴合制动盘，在摩擦力矩的作用下，汽车做减速运动。以鼓式制动器为例，汽车行驶过程中，制动鼓与车轮一起做旋转运动，需要刹车或驻车时，制动蹄贴合制动鼓，在摩擦力矩的作用下，汽车做减速运动[11]。

制动器在试验台上的安装方式与制动器装车状态一致，制动盘(制动鼓)的旋转方向与汽车前进方向相同。制动盘(制动鼓)在动力源的驱动下以一定的速度旋转，需要制动时，摩擦片(制动蹄)在制动压力下与制动盘(制动鼓)产生摩擦，所需制动力矩的大小由式(6.2)、式(6.3)计算得出。

前轮　　　　　　　　　　$$M_f = \frac{1}{2} aG \frac{F_f}{F_f + F_r} r_f \qquad\qquad (6.2)$$

后轮　　　　　　　　　　$$M_r = \frac{1}{2} aG \frac{F_r}{F_f + F_r} r_r \qquad\qquad (6.3)$$

式中，M_f 为每一个前轮所需的制动力矩，N·m；M_r 为每一个后轮所需的制动力矩，N·m；a 为制动减速度，m/s²；G 为车辆最大总质量，kg；F_f 为前两轮制动力，N；F_r 为后两轮制动力，N；r_f 为前轮滚动半径，m；r_r 为后轮滚动半径，m。

按标准规定，将制动器反复制动一定次数，在疲劳试验过程中，输出每次制动时的实际制动力矩，最后根据输出的制动力矩值来判断制动器的疲劳特性是否满足要求。

2. 试验台的设计要求

以某制动器制造公司为例，公司生产的主要产品是客车货车用的盘式制动器和鼓式制动器，要求所设计的疲劳试验台能够满足公司所有型号的产品疲劳实验的要求。既要能完成盘式制动器的疲劳试验，也要能完成鼓式制动器的疲劳试验。其中盘式制动器的最大型号为 24.5 吋，最大型号的鼓式制动器为型号 153 鼓式制动器，目前这两种产品最大制动力矩在 25000 N·m 左右，为了公司新产品的开发和长期发展的需要，合作公司要求所设计的疲劳试验台需要能完成制动力矩最大值为 40000 N·m 的疲劳试验。

制动器不仅仅运用在客车货车上，还可以运用在其他场合，因此制动器的工作环境存在很大差异。疲劳试验台需要能完成制动器总成在负 40℃ 到正 150℃ 温度环境下的疲劳试验。

其技术要求参数如表 6.2 所示。

表 6.2　试验台技术参数

序号	名称	技术参数
1	试验转速	3s/16°
2	力矩测量范围	0～40000N·m
3	气源最大输出压力	1.2MPa
4	试验温度设置范围	−40～+150℃

试验台性能指标——检测参数精度要求[12]如下：

(1)指示和记录各种参数的仪器及仪表，其精度等级不低于 2.5 级。

(2)制动力矩控制误差为 ±5%。

3. 试验台的功能

疲劳试验台既可以完成合作单位生产的各种型号的盘式制动器、鼓式制动器的疲劳试验，也可以完成制动器重要零部件的应力应变试验[13]。

1）疲劳试验

根据合作单位的具体要求，疲劳试验台可以完成以下三种疲劳试验。

（1）制动管压一定（P=常数），制动盘/制动鼓的转速不变（ω=常数）时的疲劳试验。动力源机构通过旋转轴带动制动盘/制动鼓以一定的角速度转动，制动时，气室的输出管压保持恒定值不变，通过静扭矩传感器测量整个制动过程制动扭矩的大小变化情况。

（2）制动力矩保持定值，制动盘/制动鼓的转速不变（ω=常数）时的疲劳试验。动力源机构通过旋转轴带动制动盘/制动鼓以一定的角速度转动，制动时，当制动力矩达到设定值时，要保证制动力矩保持设定值在一段时间内没有变化。通过力矩输出值控制气室的输入管压进行随机调节，使制动力矩在一段时间内保持定值不变。

（3）冲击性疲劳试验。动力源机构通过旋转轴带动以一定的角速度转动（ω=常数），制动时，当制动力矩达到要求值时，气室卸载，制动盘/制动鼓停止转动，这个试验可以测试制动器在冲击工况下的疲劳特性。

2）应力应变试验

应力应变试验是指在疲劳试验的过程中，运用应变片、传感器等设备，对制动器的关键零部件的应力应变进行测量。例如，可以测试盘式制动器钳体、支架在不同工况下的应力应变，制动盘的应力应变，鼓式制动器凸轮轴的应力应变等。

6.3.2　总体方案

1. 试验台的组成

通过分析现有的制动器疲劳试验设备和制动器的试验标准，可以把制动器疲劳试验台架组成总体分为试验系统、传动系统、加载系统、控制系统、测量系统五个部分。

（1）试验系统。试验系统是试验台最基础的部分。

（2）传动系统。传动系统是制动器疲劳试验台的重要组成部分，通常由电机、减速器等传动件组成，传动系统的作用是在疲劳试验的过程中为制动器提供适当的转动速度和足够的力矩。

（3）加载系统。加载系统的作用是在疲劳试验的过程中为制动器提供制动管压力，加载方式一般有液压驱动、气压驱动、液压气压综合驱动三种方式。

（4）控制系统。控制系统由电控系统组成，控制试验台按照预定的顺序完成规定的实验。控制系统具体包括以下几部分：制动管压力控制、制动器转速控制、试验环境温度控制、试验结果数据测量、采集控制等。

（5）测量系统。测量系统主要是用来对实验过程中工件的转速、试验温度、加载的压力、制动力矩等进行测量。

2. 总体结构设计

试验台整体采用低基座结构方式,具体如图 6.2 所示。试验台的传动系统由伺服电机、减速器组成,传动系统与制动鼓轴、制动鼓工装夹具组成固定部分设置在底座上。扭矩测量机构由静扭矩传感器和传感器支架组成。扭矩测量机构与制动蹄轴、制动蹄工装夹具组成移动部分设置在滑板上,滑板在直线滑台的驱动下可在底座上的直线导轨上移动。工装夹具用来对制动器进行安装定位,通过更换工装夹具,就能完成不同型号的制动器的疲劳试验。恒温箱用来设置制动器工作环境的温度,恒温箱可在流利条上移动,这样便于安装工装夹具和制动器。试验过程中,制动蹄轴与制动鼓轴的一部分、工装夹具、制动器位于恒温箱内,气缸碟簧机构用来对滑板进行定位。

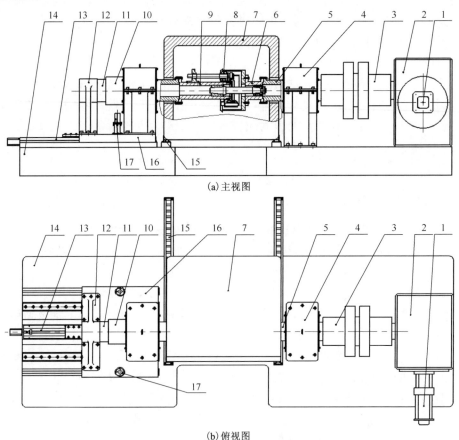

(a) 主视图

(b) 俯视图

1.伺服电机;2.减速器;3.联轴器;4.轴承座箱体;5.制动鼓轴;6.制动鼓工装夹具;7.恒温箱;
8.鼓式制动器;9.制动蹄工装夹具;10.制动蹄轴;11.静扭矩传感器;12.传感器支架;13.直线滑台;
14.底座;15.流利条;16.滑板;17.气缸碟簧锁紧机构

图 6.2　总体设计方案

6.3.3　机械传动系统

试验台的传动系统由伺服电机、减速器组成，选型如下。

1. 电机型号选择

根据该公司提出的要求，制动盘转速为 3s 转 16 度，约为 1r/min。制动力矩范围为 0～40000N·m，伺服电机所需功率可根据式(6.4)计算得出。保守估计系统的传动效率为 0.8。

$$P = \frac{T \times n}{9550\eta} = \frac{40000 \times 1}{9550 \times 0.8} = 5.24\text{kW} \tag{6.4}$$

根据以上计算，并考虑电机在实际工程中的工况系数与安全系数，取整体系数为 1.5，电机所需功率为 7.86kW。初步选取电机型号为日本安川伺服电机型号 SGMGV-1AAD6，其额定功率为 11kW，额定转速为 1500r/min，额定扭矩为 70N·m。

2. 减速器的选择

所选伺服电机的额定扭矩为 70N·m，要求的扭矩为 40000N·m，因此传动比计算如式(6.5)所示。

$$i = \frac{T_1}{T_2} = \frac{40000}{70} = 571 \tag{6.5}$$

根据传动比要求可分为两级传动，第一级减速比为 10，要保证总的输出扭矩大于 40000N·m，第二级减速比需要大于 58。第一级减速机选择台湾 APEX AB220，减速比 $i_1 = 10$，额定扭矩为 1500N·m。第二级减速器选择泰兴减速器 K187 90kW，减速比 $i_2 = 93$，额定扭矩为 51000N·m。若伺服电机输出额定扭矩 70N·m，经减速器组后，输出的扭矩为 65100N·m，大于需求的 40000N·m，满足设计的需求。

6.3.4　工装夹具设计

疲劳试验台的工装夹具是试验台的关键部件之一，用来对制动器总成进行装夹定位。通过更换工装夹具来完成不同控制制动器的疲劳试验。

以鼓式制动器的工装夹具为例，其方案如图 6.3 所示。制动鼓工装夹具 1 与制动鼓连接，制动蹄工装夹具 3 与制动蹄组件相连，在制动鼓工装夹具 1 和制动蹄工装夹具 3 之间加入了一根芯轴 2，芯轴 2 与制动鼓工装夹具 1 内设置的轴承和锥套配合，并用圆螺母锁紧，芯轴的另一端插入设置在制动蹄工装夹具 3 内的锥套内，这样可以增加工装的刚度。

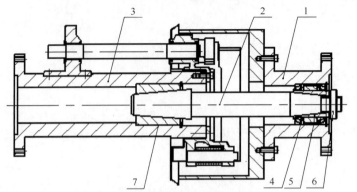

1.制动鼓工装夹具；2.芯轴；3.制动蹄工装夹具；4.轴承；5.锥套 A；6.圆螺母；7.锥套 B

图 6.3　鼓式制动器工装夹具

6.3.5　测控系统

1. 制动压力控制系统

制动管路压力控制系统在试验台架设备中起到产生和控制制动管路压力的作用。按制动介质可分为三种：气动制动控制、液压制动控制、气液混合制动控制。按控制类型可分为两种：恒输入压力控制和恒输出力矩控制。

1）气动制动

气动制动，在制动器气体输入端设置压力传感器，可以实现制动过程的恒压力控制；在制动力矩输出端设置反馈系统，通过输出的制动力矩来调节输入压力，可以实现试验过程中的恒制动力矩输出。

2）液压制动

油泵的液压与制定器的制动液不同，不能代替使用，所以需要用一个专用的隔离缸将液压油与制动器刹车油隔离开，制动液瓶应高于被试制动器，以便管道中气体的排出。通过压力传感器确保恒压力输入，通过制动力矩输出反馈保证恒制动力矩输出。

3）气/液混合制动

气/液混合制动采用气动作为动力源，由气缸推动制动泵产生制动压力。通过压力传感器确保恒压力输入，通过制动力矩输出反馈保证恒制动力矩输出。

气动制动节能高效，成本低，但稳定性稍差；液压制动传递平稳，结构紧凑，但容易泄露，效率低；气/液混合制动由于气液压缩介质不同，更加难以控制。通过对三种制动方式优缺点的对比，本书疲劳试验台方案设计中采用气动制动。设计的气动控制系统原理图如图 6.4 所示。

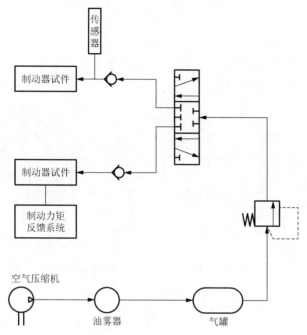

图 6.4　气动控制系统原理图

通过减压阀对输入压力进行控制，在其中一条气体流动支路上设置了压力传感器，通过压力传感器实时测试，确保输入压力稳定，可以实现恒压力输入疲劳试验。在另一条气体流动支路上设置了制动力矩反馈系统，实时对实际制动力矩进行反馈，通过调节输入压力实现恒制动力矩疲劳试验。

2. 制动扭矩测量系统

试验标准中使用的液压扭臂测量机构在实际的应用过程中易出现液压油泄漏的情况，从而导致液压油压力的不稳定，进而导致压力臂带动制动鼓（制动盘）转动速度不均匀、测量的制动扭矩不精确的问题。同时，液压油的泄漏会导致工作环境的污染。

本方案设计时，扭矩测量机构方案的设计优先考虑选用扭矩传感器。选型为威斯特中航 CYB-802S 静止型扭矩传感器，其技术参数如下。

量程：$0 \sim 50000N$

精度：$\pm 0.25\%$ fs

输出信号：$5 \sim 5000kHz$、$4 \sim 20mA$、$1 \sim 5V$

过载能力：150%fs

频率响应：$100\mu s$

静扭矩传感器扭矩测量机构的设计如图 6.5 所示。静扭矩传感器与传感器支架和制动蹄轴分别通过键连接，传感器支架固定在滑板上，制动过程中，制动蹄轴受到扭矩作用将扭矩传递给静扭矩传感器,而传感器支架限制了静扭矩传感器的转动，静扭矩传感器就可以测量出制动力矩的大小。

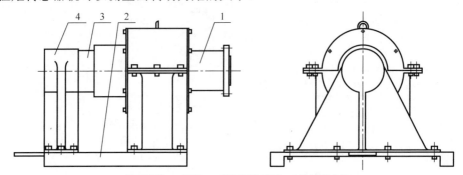

1.制动蹄轴；2.滑板；3.静扭矩传感器；4.传感器支架

图 6.5　静扭矩传感器扭矩测量机构

6.3.6　支撑系统

滑台的主要作用是用来固定试验用的制动器，确保制动器在试验过程中配合完好。通过前后移动调节制动蹄与制动鼓、制动盘与制动钳体之间的距离，保证试验的正常运行。

滑台机构的具体设计如图 6.6 所示，伺服电机带动直线滑台拖动滑板在滚珠直线导轨上运动。滑板放置在滚珠直线导轨上，滑板上安装的是扭臂测量机构，扭矩测量机构在测量制动力矩的过程中，滚珠直线导轨会受到往复的扭转力矩的作用。由于本文设计的疲劳试验台所需承受的最大制动力矩为 40000 N·m，因此选用南京工艺制造有限公司 GZB85BAL 型号的直线导轨，所能承受的沿轴向翻转力矩为51420N·m。

直线滑台用来推动滑板在滚珠直线导轨上移动，滑台和滑台上安装的零部件重量保守估计为 1800kg，滚珠直线导轨多滑块使用时的摩擦系数保守估计为 0.1，推动滑台所需的力需要大于摩擦力1764N。因此选用天津莫托曼机器人有限公司MY18-350 型直线滑台。

滑台的定位采用电机自锁与气缸碟簧机构摩擦锁紧相配合，气缸碟簧机构的原理图如图 6.7 所示。当需要推动滑台移动时，气缸前进，压筒压住碟簧组，T 形螺栓与底座之间产生间隙，直线滑台推动滑板在直线导轨上移动；当移动到指定位置时，气缸缩回，T 形螺栓在碟簧组的作用力下与底座紧密接触，摩擦力变大，此时电机自锁，两者配合对滑台进行锁紧。气缸碟簧机构在滑台设计中还起到保护直线导轨的作用，在制动实验过程中，由于传感器支架固定着静扭矩传感器、制动蹄轴不能转动，直线导轨受到往复的翻转力矩的作用，这会缩短直线导轨的寿命，而 T 形螺栓的使用使得 T 形螺栓与底座分担了部分的翻转力矩，对直线导轨起到了保护作用。

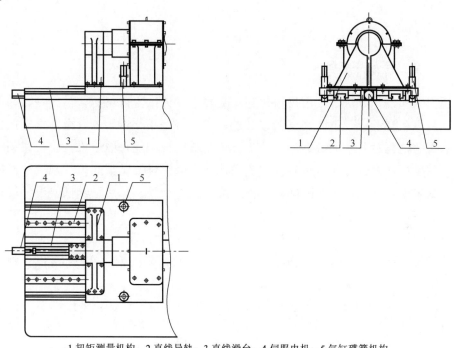

1.扭矩测量机构；2.直线导轨；3.直线滑台；4.伺服电机；5.气缸碟簧机构

图 6.6　移动滑台机构

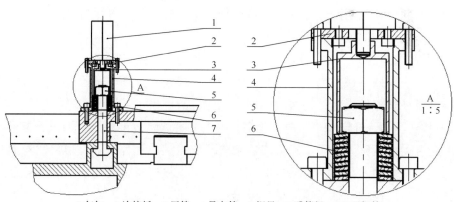

1.气缸；2.连接板；3.压筒；4.导向筒；5.螺母；6.碟簧组；7.T 形螺栓

图 6.7　气缸碟簧机构原理图

6.4　工装夹具参数的正交优化

6.4.1　正交试验简介

1. 正交试验设计原理

正交试验设计方法是利用规格化的正交表来设计试验方案的科学的多因素优选方法，简称正交设计[14]。正交试验设计的基本工具是正交试验表，根据正交试验表来规划试验，再对表中的数据进行分析计算，最终得到优化的结果。正交试验的特点是只需做少数次试验就能反映出试验条件在完全组合情况下的内在规律，选择合适的正交表就可以在最短的时间里，得到最优化的结果。采用正交试验设计规划试验具有以下优点：

(1)在所有试验方案中挑选出代表性强的少数试验方案。

(2)对少数试验方案进行试验，通过对这些试验结果的统计分析，可以得到更优化的方案，所得到的优化方案不局限在这些少数方案中。

(3)对试验结果做进一步的分析，可以了解每个因素对试验结果影响的重要程度，对试验结果的影响趋势等。

2. 正交试验设计步骤

正交试验设计包括两个部分：一是进行正交试验设计；二是对试验数据进行处理。基本步骤可归纳如下[15]。

(1)明确试验目的，确定评价指标。任何试验都应该有一个明确的目的，或是为了解决某一个问题，或是为了得出某些结论或规律，这是正交试验设计的前提。试验指标是反映试验结果特性的参数，用它来对试验结果进行衡量和考核。

(2)挑选因素，确定水平。在实验中，用来考量试验效果的量称为试验指标，影响试验指标的要素称为因素，因素在实验中所取得状态称为水平。影响试验指标的因素可能有很多种，由于试验条件的限制，不可能将所有因素全部纳入考量范围，因此需要对实际问题进行具体分析，根据试验的目的，挑选出最主要、最关键的几个因素。确定因素水平时，一般尽量让每个因素的水平数相同，这样方便对试验数据进行处理。最后列出因素水平表。

(3)选正交表,进行表头设计。根据确定的因素数和水平数选择合适的正交表。一般要求因素数小于等于正交表列数，因素水平数与正交表对应的水平数相同。

在满足这些条件的情况下，选择较小的正交表。例如，一个 4 因素 3 水平的试验，满足要求的正交表有 $L_9(3^4)$，$L_{27}(3^{13})$ 两种，一般选择 $L_9(3^4)$，如果试验要求精度高，条件允许，也可以选择 $L_{27}(3^{13})$。表头设计就是将试验因素安排到正交表相应的列中。

(4)明确试验方案，进行试验。根据正交试验表确定每次试验的方案，安排试验得到评价指标的试验结果。

(5)对实验结果进行统计分析。对正交试验的结果进行分析通常采用以下两种方法：一种是直观分析法，又称极差分析法；另一种是方差分析法。通过分析正交试验的结果可以得出因素对指标影响的重要程度关系和优化方案。

(6)进行试验验证。优化方案是通过统计得出的，得出的优化方案可能不是上述少数试验中的一种，因此需要对优化方案进行验证，保证优化方案与实际一致，否则需要进行新的正交试验。

6.4.2　工装夹具正交试验设计

1. 试验的目的及指标

由于鼓式制动器的凸轮轴比较长，工装夹具长度比较大，由于恒温箱的存在，工装夹具没有支撑，相当于悬臂梁结构，因此需要对工装夹具进行轻量化设计。

衡量试验效果的指标既可以是单一指标也可以是多个指标。为满足工装夹具轻量化和安全性的要求，将工装夹具的重量、反映强度的最大应力和反映刚度的最大位移作为考核指标。这三个指标的综合值越小，工装夹具的综合性能越好。通过PRO/E 建模得到不同尺寸的工装夹具，测出各个尺寸工装夹具的质量，运用有限元分析得出不同尺寸的工装夹具的最大应力与最大位移。

2. 试验因素与水平

在实际应用中，影响工装夹具重量和强度刚度的因素有很多，如工装夹具的外径，空心孔径等。考虑到试验的次数与因素的重要程度，选取工装外径、空心孔径1、空心孔径 2 作为试验的评价因素，如图 6.8 所示。设计时计算出工装外径最小值170mm，在此基础上逐级放5%，因此工装外径的三水平分别为170mm、180mm、190mm。空心孔径 1 的三水平分别为 90mm、105mm、120mm。根据鼓式制动器尺寸设计空心孔径 2 为130mm，在此基础上前后各放约10%，因此空心孔径 2 的三水平分别为120mm、130mm、140mm。试验的水平表见表 6.3。

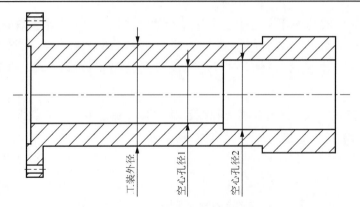

图 6.8　工装夹具优化示意图

表 6.3　因素水平表

因素 水平	A 工装外径 / mm	B 空心孔径 1 / mm	C 空心孔径 2 / mm
1	170	90	120
2	180	105	130
3	190	120	140

3. 构造正交表，进行表头设计

1) 正交表构造方法

正交试验表的构造本质上是一个数学组合的问题，不同类型的正交试验表，它的构造方法也具有很大的差异。我们通常选用的正交表是 $L_m^N(m^k)$ 型正交表，其中 m 为水平数，N 为正交表的列数，确定 m、N 两个参数就能确定试验的次数，其关系是试验次数 $n = m^N$。上述参数还具有式 (6.6) 所示的关系：

$$k = \frac{m^N - 1}{m - 1} \tag{6.6}$$

$L_m^N(m^k)$ 型正交表共有 m^N 个试验，常用分割法来构造基本列，将 m^N 个试验分成 m 等份，每份有 m^{N-1} 个试验。按 m^{N-1} 个 0 水平，m^{N-1} 个 1 水平……m^{N-1} 个 $(m-1)$ 水平的顺序排成一列，构成标准 m 分列；再将标准 m 分列的每一份分成 m 等份，每等份有 m^{N-2} 个试验，包括 m^{N-2} 个 0 水平，m^{N-2} 个 1 水平……m^{N-2} 个 $(m-1)$ 水平，构成标准 m^2 分列。依次下去可构成标准 m^3 分列……标准 m^N 分列，这 N 列就是正交表的基本列，可用字母 a、b、c、……来表示列名。

构造正交表的过程中，有时还需要考虑到交互列的概念，所谓交互列，就是前一列的各水平记号乘以 $i(i=1,2,\cdots,m)$，再与后一列的水平记号相加，得到对应的列，用前一列的 i 次方与后一列的乘积作为列名。

正交试验表中，各列之间有如下的关系：

(1)当 $i < k$ 时，m^i 分列与 m^k 分列的交互列仍是 m^k 分列；

(2)当 $i \neq k$ 时，m^i 分列与 m^k 分列是交互的，且 m^i 分列、m^k 分列和交互列之间两两正交；

(3)当 $i \leqslant j < k$ 时，m^i 分列与 m^j 分列是正交的，则 m^i 分列、m^j 分列、m^k 分列与它们的交互列中两两正交。

在构造 $L_m^N(m^k)$ 正交试验表时，首先将标准 m 分列放在正交表的第一列，列名取为 a，把标准 m^2 分列放在正交表的第二列，列名取为 b，后面放置前面两列的 $m-1$ 个交互列，由上述关系可知，这些交互列都是 m^2 的分列，然后放 m^3 分列，然后放该列与前面每一列的交互列，可以得到 m^2 个 m^3 分列。可以计算出 $k = 1 + m + m^2 + \cdots + m^{N-1}$。

2)正交表的选用、表头设计

由表 6.3 可知，该正交试验的 3 个因素都是 3 水平，每个因素的自由度可根据式(6.7)得出。

$$f_{因素} = 因素水平数 - 1 \tag{6.7}$$

因此对于 3 因素 3 水平的正交试验，不考虑各因素之间的交互作用，需要安排的试验次数可根据式(6.8)得出。

$$n = \sum f_{因素} + 1 = (3-1) \times 4 + 1 = 9 \tag{6.8}$$

在满足以上条件的情况下，需要选择较小的正交表，因此选用 $L_9(3^4)$ 正交表。由于不考虑各因素之间的交互作用，3 个因素可以放在任意 3 列中，正交表的表头设计如表 6.4 所示。

表 6.4　表头设计

因素	A	B	C	D
列号	1	2	3	4

4. 试验方案与结果

把试验因素放置在 $L_9(3^4)$ 正交表中，用表 6.2 中的 1、2、3 来代替每个因素的 3 个水平，可以得出一个具体的正交试验方案，按照方案依次进行试验，可以得出指标结果。通过 PRO/E 软件对各方案建模，在软件中可以直接测出工装的质量，运用 Abaqus 软件对各方案进行强度分析，可以得出最大应力值与最大位移值。具体试验方案与结果如表 6.5 所示。

表 6.5　试验方案与结果

试验编号	因数				评价指标		
	A:轴身外径	B:空心孔径 1	C:空心孔径 2	D:空列	质量/ kg	最大应力/ Mp	最大位移/ mm
1	1	1	1	1	92	605	0.355
2	1	2	2	2	82	590	0.383
3	1	3	3	3	69	583	0.430
4	2	1	2	3	100	605	0.290
5	2	2	3	1	89	592	0.307
6	2	3	1	2	83	600	0.326
7	3	1	3	2	108	608	0.245
8	3	2	1	3	104	612	0.249
9	3	3	2	1	92	595	0.263

6.4.3　工装夹具参数优化

1. 多因素单指标试验优化分析

极差是某因素在不同水平下指标值的最大值与最小值的差。极差的大小反映了各因素对试验影响的大小，极差值大表明该因素对指标值的影响比较大，是影响指标值大小的主要因素；极差值小表明该因素对指标值的影响比较小，是次要因素或不重要因素。运用极差值分析因素对指标影响的大小，首先要计算出每个水平试验指标值的平均值，然后求出极差，根据极差的大小分析该因素对试验指标值的影响程度，进而找出各因素的最好水平。

1）质量指标结果分析

质量指标的结果分析如表 6.6 所示。

表 6.6　质量指标结果分析

试验编号	因数				评价指标		
	A:轴身外径	B:空心孔径 1	C:空心孔径 2	D:空列	质量/ kg	最大应力/ Mp	最大位移/ mm
1	1	1	1	1	92	605	0.355
2	1	2	2	2	82	590	0.383
3	1	3	3	3	69	583	0.430
4	2	1	2	3	100	605	0.290
5	2	2	3	1	89	592	0.307
6	2	3	1	2	83	600	0.326
7	3	1	3	2	108	608	0.245

续表

试验编号		因数				评价指标		
		A:轴身外径	B:空心孔径1	C:空心孔径2	D:空列	质量 / kg	最大应力 / Mp	最大位移 / mm
8		3	2	1	3	104	612	0.249
9		3	3	2	1	92	595	0.263
质量	k_1	81.00	100.00	93.00				
	k_2	90.67	91.67	91.33				
	k_3	101.33	81.33	88.67				
	R	20.33	18.67	4.33				
	最优方案	A_1	B_3	C_3				

表 6.6 中，k_i 表示任何一列上因素取水平 i 时所得试验结果的算术平均值，R 表示极差，是每一列上算术平均值的最大值与最小值的差。在表 6.6 中，根据极差值的大小可知各因素对质量影响的主次顺序依次为：A（轴身外径）、B（空心孔径1）、C（空心孔径2）。

优方案是指在所规划的正交试验中，各因素较优的水平组合。各因素优水平的选取与试验指标有关，若指标值越小越好，选取使指标值小的水平，反之选取使指标值大的水平。在表 6.6 中，A 因素列 $k_3 > k_2 > k_1$，B 因素列 $k_1 > k_2 > k_3$，C 因素列 $k_1 > k_2 > k_3$，由于质量、应力、位移三个指标值越小越好，所以对质量指标优化的优方案是 $A_1B_3C_3$。

2）应力指标结果分析

最大应力指标结果分析如表 6.7 所示。

表 6.7　应力指标结果分析

试验编号	因数				评价指标		
	A:轴身外径	B:空心孔径1	C:空心孔径2	D:空列	质量 / kg	最大应力 / Mp	最大位移 / mm
1	1	1	1	1	92	605	0.355
2	1	2	2	2	82	590	0.383
3	1	3	3	3	69	583	0.430
4	2	1	2	3	100	605	0.290
5	2	2	3	1	89	592	0.307
6	2	3	1	2	83	600	0.326
7	3	1	3	2	108	608	0.245
8	3	2	1	3	104	612	0.249

续表

试验编号		因数				评价指标		
		A:轴身外径	B:空心孔径1	C:空心孔径2	D:空列	质量/kg	最大应力/Mp	最大位移/mm
9		3	3	2	1	92	595	0.263
最大应力	k_1	592.7	606.0	605.7				
	k_2	599.0	598.0	596.7				
	k_3	605.0	592.7	594.3				
	R	12.3	13.3	11.3				
	最优方案	A_1	B_3	C_3				

在表 6.7 中，参数表示与表 6.6 相同，根据极差值的大小可知各因素对质量影响的主次顺序依次为：B(空心孔径 1)、A(轴身外径)、C(空心孔径 2)。

A 因素列 $k_3 > k_2 > k_1$，B 因素列 $k_1 > k_2 > k_3$，C 因素列 $k_1 > k_2 > k_3$，由于质量、应力、位移三个指标值越小越好，所以对质量指标优化的优方案是 $A_1 B_3 C_3$。

3) 位移指标结果分析

最大位移指标结果分析如表 6.8 所示。

表 6.8　位移指标结果分析

试验编号		因数				评价指标		
		A:轴身外径	B:空心孔径1	C:空心孔径2	D:空列	质量/kg	最大应力/Mp	最大位移/mm
1		1	1	1	1	92	605	0.355
2		1	2	2	2	82	590	0.383
3		1	3	3	3	69	583	0.430
4		2	1	2	3	100	605	0.290
5		2	2	3	1	89	592	0.307
6		2	3	1	2	83	600	0.326
7		3	1	3	2	108	608	0.245
8		3	2	1	3	104	612	0.249
9		3	3	2	1	92	595	0.263
最大位移	k_1	0.3893	0.2967	0.3100				
	k_2	0.3077	0.3130	0.3120				
	k_3	0.2523	0.3397	0.3273				
	R	0.1370	0.0430	0.0173				
	最优方案	A_3	B_1	C_1				

在表 6.8 中，参数表示与表 6.6 相同，根据极差值的大小可知各因素对质量影响的主次顺序依次为：A（轴身外径）、B（空心孔径 1）、C（空心孔径 2）。

A 因素列 $k_1 > k_2 > k_3$，B 因素列 $k_3 > k_2 > k_1$，C 因素列 $k_3 > k_2 > k_1$，由于质量、应力、位移三个指标值越小越好，所以，对质量指标优化的优方案是 $A_3B_1C_1$。

2. 多因素多指标试验优化分析

单指标的优化分析反映了每个因素对单个指标影响的主次顺序和最优水平方案，而对工装夹具优化的评价是一个多因素、多指标的过程，需要同时考虑轴身外径、空心孔径 1、空心孔径 2 三个因素对质量、应力、位移三个指标的综合影响。为此，需要借助矩阵分析法对单指标优化分析结果按其因素的重要性来作进一步的综合分析和处理，从而解决多指标情况下设计参数配置的优化选择问题[16,17]。

1）多指标正交试验矩阵分析模型

（1）递阶层次数据结构。

根据表 6.6～表 6.8 中的正交试验数据，构建一个由指标、因素和水平构成的三层递阶层次数据结构模型，如表 6.9 所示。

表 6.9　正交试验递阶层次数据结构

序号	名称	参数		
第一层	指标层	工艺效果评价指标		
第二层	因素层	A	B	C
		轴身外径	空心孔径 1	空心孔径 2
第三层	水平层	A_1, A_2, A_3	B_1, B_2, B_3	C_1, C_2, C_3

（2）评价分析矩阵。

根据单指标正交试验的结果，构造指标、因素和水平层的分析矩阵。在指标评价过程中，一些是指标值越大越好，另一些是指标值越小越好，为保证多指标综合优化的可比性，对各矩阵层做以下的定义。

定义 1：试验考察指标层矩阵，假设正交试验有 l 个因素，每个因素有 m 水平，因素 A_i 第 j 个水平上试验指标的平均值为 k_{ij}，若指标值越大越好，令 $K_{ij} = k_{ij}$；若指标值越小越好，令 $K_{ij} = 1/k_{ij}$，建立矩阵如式 (6.9) 所示。

$$M = \begin{bmatrix} K_{11} & 0 & \cdots & 0 \\ K_{12} & 0 & \cdots & 0 \\ \cdots & \cdots & \cdots & \cdots \\ K_{1m} & 0 & \cdots & 0 \\ 0 & K_{21} & \cdots & 0 \\ 0 & K_{22} & \cdots & 0 \\ \cdots & \cdots & \cdots & \cdots \\ 0 & K_{2m} & \cdots & 0 \\ 0 & 0 & \cdots & 0 \\ 0 & 0 & \cdots & K_{l1} \\ 0 & 0 & \cdots & K_{l2} \\ \cdots & \cdots & \cdots & \cdots \\ 0 & 0 & \cdots & K_{lm} \end{bmatrix} \tag{6.9}$$

定义 2：因素层矩阵，令 $T_i = 1 \bigg/ \sum\limits_{j=1}^{m} K_{ij}$ ，建立矩阵如式 (6.10) 所示。

$$T = \begin{bmatrix} T_1 & 0 & 0 & 0 \\ 0 & T_2 & 0 & 0 \\ \cdots & \cdots & \cdots & \cdots \\ 0 & 0 & 0 & T_l \end{bmatrix} \tag{6.10}$$

定义 3：水平层矩阵，正交实验中 A_i 的极差为 S_i ，令 $S_i = s_i \bigg/ \sum\limits_{i=1}^{l} s_i$ ，建立矩阵如式 (6.11) 所示。

$$S = \begin{bmatrix} S_1 \\ S_2 \\ \cdots \\ S_l \end{bmatrix} \tag{6.11}$$

(3) 评价指标的权重矩阵。

利用矩阵分析法对多指标正交试验进行综合优化分析，最关键的是确定每个评价指标的权重，这直接关系最终正交试验优化结果的可靠性。为此，定义单个评价指标的权重矩阵如式 (6.12) 所示。然后将每个评价指标矩阵值取平均值就得到多指标评价的总权重。

$$\omega = MTS \tag{6.12}$$

2) 综合评价结果分析

将表 6.6 中的试验数据代入式 (6.9)～式 (6.11)，由于质量指标越小越好，得到的矩阵如下：

$$
M' = \begin{bmatrix}
1/81 & 0 & 0 \\
1/90.67 & 0 & 0 \\
1/101.33 & 0 & 0 \\
0 & 1/100 & 0 \\
0 & 1/91.67 & 0 \\
0 & 1/81.33 & 0 \\
0 & 0 & 1/93 \\
0 & 0 & 1/91.33 \\
0 & 0 & 1/88.67
\end{bmatrix} \tag{6.13}
$$

$$
T' = \begin{bmatrix}
30.08 & 0 & 0 \\
0 & 30.12 & 0 \\
0 & 0 & 30.32
\end{bmatrix} \tag{6.14}
$$

$$
S' = \begin{bmatrix}
20.33/43.33 \\
18.67/43.33 \\
4.33/43.33
\end{bmatrix} \tag{6.15}
$$

将上述矩阵代入式(6.12)，得出如下结果。

$$
\omega' = M'T'S' = \begin{bmatrix}
0.17393 \\
0.15565 \\
0.13924 \\
0.12999 \\
0.14165 \\
0.15979 \\
0.03237 \\
0.03297 \\
0.03396
\end{bmatrix} \tag{6.16}
$$

同理，将表 6.6、表 6.7 中的正交试验数据代入上述矩阵，可分别得到以下结果。

$$
\omega'' = M''T''S'' = \begin{bmatrix}
0.11196 \\
0.11080 \\
0.10970 \\
0.11841 \\
0.10285 \\
0.12106 \\
0.10155 \\
0.10306 \\
0.10345
\end{bmatrix}, \quad
\omega''' = M'''T'''S''' = \begin{bmatrix}
0.1834 \\
0.2303 \\
0.2856 \\
0.0700 \\
0.0678 \\
0.0618 \\
0.0342 \\
0.0340 \\
0.0321
\end{bmatrix} \tag{6.17}
$$

对三个评价指标的权重值取平均值，如下：

$$
\boldsymbol{\omega}_{均} = \frac{\omega' + \omega'' + \omega'''}{3} = \begin{bmatrix} 0.15643 \\ 0.16588 \\ 0.17818 \\ 0.10613 \\ 0.10410 \\ 0.11422 \\ 0.05604 \\ 0.05668 \\ 0.05650 \end{bmatrix} = \begin{bmatrix} A_1 \\ A_2 \\ A_3 \\ B_1 \\ B_2 \\ B_3 \\ C_1 \\ C_2 \\ C_3 \end{bmatrix} \tag{6.18}
$$

A_3 在因素 A 轴身外径的 3 个权重中值最大，说明轴身外径的第 3 个水平对正交试验的结果影响最大。同理空心孔径 1 的第 3 个水平对正交试验的结果影响最大，空心孔径 2 的第 2 个水平对正交试验的结果影响最大。因此，工装夹具多指标正交优化的结果是 $A_3B_3C_2$。

6.4.4　总结

在确保疲劳试验台工装夹具满足强度和刚度的前提下，运用正交试验的方法对工装夹具进行轻量化设计。

(1)正交试验规划：根据工装夹具的形状尺寸确立了外径、空心孔径 1、空心孔径 2 三个因素，并规划了三因素三水平的正交试验，将工装夹具的重量、反映强度的最大应力和反映刚度的最大位移作为考核指标。

(2)通过单指标分析，了解不同影响因素对单个指标结果影响的主次顺序。再通过多指标分析矩阵对正交试验结果进行加权，得出工装夹具多指标正交优化的最优结果为：外径 190mm、空心孔径 1 尺寸 120mm、空心孔径 2 尺寸 130mm。

参 考 文 献

[1] QC/T 592—1999. 轿车制动钳总成性能要求及台架试验方法[S]. 国家机械工业局, 1999.

[2] CJ/T 240—2006. 城市客车气压盘式制动器[S]. 中华人民共和国建设部, 2007.

[3] QC/ T316—1999. 汽车行车制动器疲劳强度台架试验方法[S]. 国家机械工业局, 1999.

[4] QC/ T239—1997. 货车、客车制动器性能要求[S]. 机械工业部汽车工业司, 1997.

[5] QC/ T479—1999. 货车、客车制动器台架试验方法[S]. 国家机械工业局, 1999.

[6] GB 5763—2008. 汽车用制动器衬片[S]. 中国国家标准化管理委员会, 2008.

[7] GB/T 17469—2012. 汽车制动器衬片摩擦性能评价小样台架试验方法[S]. 中国建筑材料联合会, 2012.

[8] GB/T 22309—2008. 道路车辆制动衬片、盘式制动块总成和鼓式制动蹄总成剪切强度试

验方法[S]. 中国建筑材料联合会, 2008.

[9] JB/T 10917—2008. 钳盘式制动器[S]. 中国机械工业联合会, 2008.

[10] 梁军战. 汽车制动器摩擦试验机测试系统的研究现状及展望[J]. 机械制造与自动化, 2015, (1): 21-24.

[11] 何大庆. IVECO 汽车制动器总成疲劳试验台的研制[J]. 汽车工艺与材料, 2001, (02): 33-35.

[12] CJ/T 316-1999. 汽车行车制动器疲劳强度台架试验方法[S]. 国家机械工业局, 1999.

[13] 苏小平, 吴东岩. 大型多功能风电机组主轴制动器惯性试验台的研制[J]. 吉林大学学报-工学版, 2013, 43 (4): 952-954.

[14] 郑少华, 姜奉华. 试验设计与数据处理[M]. 北京: 中国建材工业出版社. 2004.

[15] 李云雁, 胡传荣. 试验设计与数据处理[M]. 北京: 化学工业出版社, 2005.

[16] 魏效玲, 薛冰军, 赵强. 基于正交试验设计的多指标优化方法研究[J]. 河北工程大学学报: 自然科学版, 2010, (03): 95-99.

[17] 伍毅, 阮竞兰. 基于多指标正交试验设计的胶辊砻谷机工作参数综合优化分析[J]. 包装与食品机械, 2012, 30 (3): 25-27.